装饰装修工（镶贴工）培训教材

主　编　李玉海
副主编　赵振林　张彩华

中国建材工业出版社

图书在版编目（CIP）数据

装饰装修工（镶贴工）培训教材/李玉海主编．--北京：中国建材工业出版社，2021.4（2022.1重印）
ISBN 978-7-5160-2801-8

Ⅰ.①装…　Ⅱ.①李…　Ⅲ.①工程装修—镶贴—技术培训—教材　Ⅳ.①TU767.2

中国版本图书馆 CIP 数据核字（2021）第 026087 号

装饰装修工（镶贴工）培训教材
Zhuangshi Zhuangxiugong (Xiangtiegong) Peixun Jiaocai
主编　李玉海

出版发行：中国建材工业出版社
地　　址：北京市海淀区三里河路 1 号
邮　　编：100044
经　　销：全国各地新华书店
印　　刷：北京雁林吉兆印刷有限公司
开　　本：850mm×1168mm　1/32
印　　张：5
字　　数：120 千字
版　　次：2021 年 4 月第 1 版
印　　次：2022 年 1 月第 2 次
定　　价：25.00 元

本社网址：www.jccbs.com，微信公众号：zgjcgycbs

本书编委会

主　　编：李玉海

副 主 编：赵振林　张彩华

编　　委：（排名不分先后）

刘莹琨　罗建光　魏　磊　方　理

张　乐　周永详　潘文强　李红进

武海龙　李永鑫　严兴李　罗　斌

兰加华　苗　露　苏志明　张方飞

李　正　段少华　谢　波　谢剑锐

姚伟南　周传军　张志亮　张文君

主编单位：中国陶瓷工业协会瓷砖粘贴技术专业委员会

参编单位：（排名不分先后）

能高共建（上海）新型环保建材有限公司

马贝建筑材料（广州）有限公司

美巢集团股份公司

北方天普纤维素有限公司
亚地斯建材（上海）有限公司
益瑞石铝酸盐（中国）有限公司
唐姆节能建材（北京）股份有限公司
德高（广州）建材有限公司
东方雨虹砂粉科技集团有限公司
广州市凯聚新材料有限公司
上海尚南贸易有限公司
河南佳润新材料有限公司
福建省享家建材有限公司
锋泾（中国）建材集团有限公司
深圳市润丰新材科技有限公司
上海杰深建材有限公司
佶俪环境科技（上海）有限公司
沃能工具
瓦克化学（中国）有限公司
亚地斯建材（上海）有限公司
福建钢铁长城环保科技有限公司
深圳市墙身宝新型建材有限公司
广东普赛达密封粘胶有限公司

前　言

瓷砖与其他墙面、地面装饰材料相比，具有显著的优势，因而其应用极为广泛。瓷砖卫生、易于清洗和护理，并且不污染环境，有利于创造怡人的室内环境，有利于设计师在商务建筑和家居的内在品质和艺术上进行创意设计。

随着瓷砖应用场合的扩大和瓷砖制造技术的发展，瓷砖的品质有了极大的提升：轻薄、大尺寸和低吸水率已成为趋势。但从最终用户的角度考虑，千姿百态的瓷砖不过都是半成品，只有铺装好的瓷砖饰面才是我们对品质追求和艺术追求的真实体现。

但是，长期以来瓷砖粘贴的施工工艺和粘贴材料选型并没有同瓷砖材料匹配发展，由于粘贴系统不匹配、施工过程中的不规范而引起的瓷砖粘贴工程的“空鼓、起拱、脱落”等问题时有发生，困扰着广大的消费者，在一定程度上影响了大尺寸、低吸水率砖材的广泛应用，也给我们的品质家居、品质生活带来不少烦恼，还造成了一定经济损失。

长期以来，很多场合的瓷砖铺装还都是由施工人员决定使用什么样的施工方式和粘贴材料。同时，当前国内的现状是施工人员缺少接触和学习新材料、新工艺的机会，主要是依赖经验。而且，瓷砖铺装工程从施工结束到问题出现的周期比较长，施工人员没有工程回顾机制，施工人员的经验中含有很多不确定甚至不正确的内容。

大尺寸、薄柔性和低吸水率砖材，高平整度基材的出现，对施工工法也有了新的要求。传统上的将凭着感觉调制的灰浆涂抹到砖背上，然后一块砖一块砖地放置到位，再经过反复敲击和调整来完成铺贴工程的施工方式对于一些新型面材已不再适合。

实际上，新材料和新工艺已使得瓷砖饰面的铺装变成一个简单易行的操作，配套工具的使用，可以让经过短暂培训的普通施工工人（甚或我们最终用户）都可以胜任。

基于这些背景，中国陶瓷工业协会瓷砖粘贴技术专业委员会在结合国内实际情况、借鉴国际成熟的薄贴法施工的技术经验的基础上，主持编写了本教材，旨在为装饰装修镶贴工提供一本专业的教材，为从事瓷砖饰面工程的设计、选材、施工、监理等环节的技术人员提供一份设计、选材、施工及验收等环节的技术参考资料。

本教材由中国陶瓷工业协会瓷砖粘贴技术专业委员会技术专家组撰稿，并在广泛征集业内同仁合理意见的基础上多次修正，力求做到图文并茂、通俗易懂，为从事建筑装饰装修过程中瓷砖镶贴的设计人员、施工组织人员及操作工人提供实用性的参考。

针对书中各个细节的陈述，编写组力求简洁、明晰。尽管如此，鉴于建筑装饰装修行业发展迅速，新材料、新工艺层出不穷，行业标准不断更新，工程上对各工种的技术水平和要求也不断提高，因此，我们恳切希望广大同仁对我们的工作提出宝贵意见。

在此，对参与本教材编辑工作的众多专家和企业表示感谢，谨向关注、关怀我们的所有同仁致谢！

中国陶瓷工业协会瓷砖粘贴技术专业委员会

2021 年 3 月

目　　录

总　则

本教材的编写目的是为装饰装修镶贴工提供一本专业的教材，为从事瓷砖饰面工程的设计、选材、施工、监理等环节的技术人员提供一份设计、选材、施工及验收等环节的技术参考资料。它不仅引用了中国建筑标准体系中许多相关标准，也借鉴和引用了国际同业中若干先进的标准、规程、指南和手册。

本教材跨越了功能设计、施工工艺和工程管理，主要特点如下：

- 将陶瓷饰面砖作为墙面系统和地面系统的有机组成部分来处理，强调它与其他系统组成部分的相辅相成、相互依托关系；
- 为便于施工现场的使用，采取了直接表述，以避免引用其他参考文献所带来的不便；
- 考虑到装饰装修镶贴工的经验背景、教育背景有较大差异，为方便统一理解，适当地使用图片配合文字来进行描述；
- 为提高参与人员对本教材中各种要求的认识程度，本教材的主编单位中国陶瓷工业协会瓷砖粘贴技术专业委员会出版了《陶瓷墙地砖粘贴技术百问》，该书对施工相关的常见问题给予了一定的讲解，可以参考阅读。

陶瓷砖饰面系统至少包括基面、胶粘剂、陶瓷砖、填缝剂/美缝剂和伸缩缝等组成部分。需要强调的是：

- 所有的组成部分都同等重要；
- 各组成部分之间的相容性至关重要；
- 系统的功能是各组成部分的有机协同效应，系统中的最弱环节决定了整个系统的能力。

因此，无论是在材料的选择、系统的设计、铺装的进行、质量的检验，还是使用中的维护与保养，都必须时刻从系统的角度进行策划与实施。眼光的片面、细节的忽视不仅会种下系统的隐患，更可能造成难以修复的系统缺陷。

1　装饰装修镶贴工基础知识

为完善建筑物的使用功能，保护建筑物的主体结构并美化建筑物，应用装饰装修材料或饰物对建筑物的内、外表面进行各种处理，这一过程可总述为装饰装修。

在装饰装修工程中，依据建筑物的性质及使用功能要求，常使用陶瓷砖、陶瓷锦砖（马赛克）、大规格陶瓷板、天然石材（如大理石、花岗石）、人造石材等建筑装饰材料来装饰室内外墙体、柱面、地面等部位，以达到完善建筑物使用功能和丰富观感的目的。将这类装饰装修材料有效地固定在基材表面的操作，即为镶贴操作，相对应的工种，即为装饰装修镶贴工。

1.1　装饰装修镶贴工职业道德、须知和相关法规

1.1.1　装饰装修镶贴工职业道德守则

（1）遵守国家法律法规和有关规定。

（2）热爱本职工作，自觉履行装饰镶贴工工作职责。

（3）认真领会设计意图，精心操作，严格按图施工。

（4）互相协作，密切配合，共同完成任务。

（5）听从指挥，服从分配，遵守劳动纪律。

（6）做到安全、文明施工，杜绝事故，防患于未然。

（7）树立质量第一的思想，做到精益求精，确保工程质量。

（8）工作认真负责，严于律己，不骄不躁，吃苦耐劳。

（9）钻研业务，努力提高专业技能。

1.1.2 装饰装修镶贴工相关法律、法规知识和常识

（1）相关法律、法规知识

劳动法、建筑法、消防法、合同法等相关条款。

（2）装饰镶贴工须知

① 装饰行业发展简史。

② 装饰镶贴工工程质量标准。

③ 岗位责任制和规范要求。

④ 室内外装饰装修注意事项。

⑤ 文明施工及环境保护意识。

⑥ 安全防范意识。

1.2 装饰装修镶贴工职业技能岗位要求

1.2.1 装饰装修镶贴工概况

（1）职业名称：装饰装修工（镶贴工）。

（2）职业编码：6-29-04-01-003。

（3）职业定义：使用手工/电动工具、机具，采用各种天然（人造）石材材料、陶瓷材料和石材胶粘剂、瓷砖胶粘剂、填缝剂/美缝剂等辅助材料，按设计要求对建筑物、构筑物等物体表面进行装饰、镶贴安装的施工人员。

（4）职业环境：一般为室内、室外，自然常温条件下。

（5）技能等级：本职业共设五个等级，分别为：初级（国家职业资格五级）、中级（国家职业资格四级）、高级（国家职业资格三级）、技师（国家职业资格二级）、高级技师（国家职业资格一级）。

（6）职业能力特征：手指、手臂灵活，动作协调，色觉、形体感、空间感强。

（7）知识范围：包括施工测量基本知识，装饰装修施工图绘制与识读，装饰装修施工机械合理使用，装饰装修镶贴材料、抹灰材料使用，装饰装修镶贴基层处理，装饰装修镶贴施工、质量检查和材料现场管理。

（8）取得途径：中国陶瓷工业协会瓷砖粘贴技术专业委员会（英文简称 TCT）在全国设立了近二十个培训基地，可以在各培训基地学习、考试以取得相应资质证书。

1.2.2 装饰装修镶贴工专业基础知识

（1）装饰镶贴基本概念、施工规范和质量要求。

（2）装饰镶贴施工图识图。

（3）装饰构造。

（4）装饰材料的基本知识［砂浆材料基本知识、砂浆配制知识、胶粘剂配制知识、陶（瓷）饰面及石材饰面材料知识］。

（5）镶贴工具知识。

（6）镶贴工艺知识。

（7）施工环境要求。

（8）一般抹灰常出现的质量问题，包括空鼓现象、开裂现象、花脸现象、脱落现象的识别及其整改措施。

（9）基层处理质量要求。

（10）一般抹灰的质量标准及允许偏差。

（11）贴面施工常出现的问题，包括变色现象、起碱现象、污点现象、开裂现象、空鼓现象、脱落现象及其预防措施。

（12）装饰抹灰施工常出现的问题，包括开裂现象、粉化现象、脱落现象及其预防措施。

（13）测量放线、排版知识。

（14）安全施工知识。

（15）施工操作、验收规范。

1.2.3 装饰装修镶贴工技术等级要求

1. 初级镶贴工

（1）理论知识

① 了解本工种常用图纸名称。

② 了解制图识图的基本知识，物体的投影原理，房屋的一般构造及轴线坐标的表示方法，平面尺寸、标高。

③ 看懂施工说明（施工内容、部位、尺寸、技术要求）及用材情况。

④ 了解常用抹灰材料、镶贴块料的种类、规格、性能、质量、用途及保管方法。

⑤ 了解一般抹灰砂浆种类和组成及适用部位。

⑥ 了解内外墙面、地面、顶棚、楼梯的基层处理质量要求、抹灰程序、基本质量验收标准等。

⑦ 了解镶贴一般饰面砖（板）的品种、性能、外观质量要求。

⑧ 了解普通饰面块料镶贴前中层砂浆和镶贴后勾缝质量要求及注意事项。

⑨ 了解本工种常用施工工具、施工机械及辅助机械的使用知识和维护方法。

⑩ 掌握本工种安全施工一般知识。

⑪ 掌握初级工技能操作施工工艺及流程。

（2）操作技能

① 了解基层检查和处理的顺序与方法，了解基层表面脱落的原因及防治方法。

② 能做到墙地面垂直、平整，能做灰饼、挂线、冲筋、地面分格、水平控制和垂直控制线。

③ 能做基面的拉毛、修补，了解找平层与基层粘牢固的

基本常识，掌握一般墙、地面抹灰缺陷修理方法，能做加网墙、顶面分层抹灰。

④ 能做水泥砂浆抹灰，包括护角线、踢脚线、室内窗台板、水泥墙裙、室外明沟、勒脚等位置，独立完成矩形梁（柱）面水泥抹灰。

⑤ 能按要求配制粘贴及抹灰砂浆。

⑥ 掌握瓷砖的吸水率判定、瓷砖镶贴面清理的方法和时间。

⑦ 了解瓷砖铺贴的方法、胶粘剂的使用方法、选砖的方法、阴阳角镶贴技巧、瓷砖切割与对缝技术、镶贴后用工具敲击的力度、勾缝与清理方法、镶贴注意事项。

⑧ 掌握阴阳角方正、垂直的检验方法。

⑨ 了解接缝间隙标准，阳角对缝瓷砖沿边沿切的角度标准，平整度、垂直度的标准，牢固度的要求。

⑩ 掌握文明施工知识。

2. 中级镶贴工

（1）理论知识

① 能看懂本工种的施工图，并熟悉图纸与物体比例、图例和符号，了解分层施工剖面图及房屋构造基本组成特点，了解关键工序的局部放大图比例知识、重要部位的施工工艺。

② 了解主要机具的型号及使用方法、设备保养知识、一般的维修技术。

③ 了解本工种产量定额和时间定额等劳动定额的基本概念。

④ 了解施工材料的品种、规格、质量标准要求，能够绘制一般饰面块料排列图、放样，按图能计算平、立面图的工、料。

⑤ 掌握镶贴材料的颜色、图案标准，具备饰面板和饰面砖中的歪斜、翘曲、空鼓、缺棱、掉角、裂缝等缺陷的识别

知识。

⑥ 掌握粘贴花饰线角方法、粘贴材料配制及质量标准。

⑦ 掌握镶贴方柱、圆柱、柱墩、柱帽和带有简单角线条的腰线、挑檐、面砖的排列放样、中层质量要求及施工工艺。

⑧ 掌握饰面块料的湿操作和干操作施工，以及各自施工工艺技术要点，如大规格墙面砖、大理石、人造石、花岗石、预制水磨石板等。

⑨ 了解不同用途饰面板的选择及粘结材料的选定，如防水、防腐、耐热、保温构筑物镶贴施工工艺及注意事项。

⑩ 掌握常用镶贴、抹灰砂浆的适用部位、配制稠度与搅拌方法。

⑪ 掌握不同气候对镶贴及勾缝质量要求和质量通病的防治方法。

⑫ 按工程量组织分工，指导初级工进行施工。

⑬ 掌握抹灰、饰面砖镶贴等相关工种工程质量验收要求，掌握饰面砖、板质量验收要求。

⑭ 了解水硬性材料和气硬性材料之分，有机材料和无机材料之分，各自材料的特点、性能、养护、表面强度等。

（2）操作技能

① 掌握方柱、圆柱，以及楼梯、腰线、挑檐、墙、地面砖镶贴操作。

② 掌握柱基、柱帽、窗套、水池、楼梯踏步、台阶等多种饰面块镶贴操作。

③ 掌握镶贴墙面、地面、方柱、圆柱及柱墩、柱帽、陶瓷锦砖（马赛克）饰面的操作。

④ 掌握一般饰面块料拼花、划拼及尺寸计算操作。

⑤ 掌握镶贴墙面腰线、门头、大理石、花岗石、毛石板饰面操作。

⑥ 掌握镶贴预制水磨石板、大理石板、花岗石板、楼梯

踏步台阶操作。

⑦ 掌握镶贴乱石、毛石、水泥彩砖路面及人行道路操作。

⑧ 掌握各饰面块材不同勾缝材料操作。

⑨ 熟悉内外墙面、大理石、花岗石及各种板材挂贴操作。

⑩ 熟悉石材台面、切挖孔洞及各类构筑物饰面板挂贴操作。

⑪ 熟悉石材缺陷的修补操作。

⑫ 掌握本工种内外墙施工、块材料摆放、镶贴的安全措施。

⑬ 熟悉台、盆、槽，带阴阳角配件、瓷砖、面砖操作。

3. 高级镶贴工

（1）理论知识

① 看懂一般建筑施工图、基础详图和构造详图及装饰详图，绘制各种装饰节点图，能够用图示方法说明施工内容。

② 了解各种水准仪的使用和维护原理，掌握常见的各种楼梯踏步、台阶、弹线分步知识。

③ 能够完成使用材料质量的核对检验工作，能够对初级、中级装饰镶贴工准备施工材料的工作进行检查。

④ 熟悉本工种验收的各种验收工具，了解结构交接验收的基本要求，掌握装饰抹灰、镶贴、勾缝的质量标准及验收要求。

⑤ 了解一般古建筑镶贴技术，掌握复杂结构饰面板镶贴及安装技术。

⑥ 掌握一般饰块材拼花技术及镶贴花饰基本要领。

⑦ 了解本工种常用施工机械和保养知识。

⑧ 了解相关工种砌体基本知识和常规抹灰技能施工工艺，了解本工种施工质量通病及防治措施。

⑨ 能够根据施工内容要求，完成各工序劳动力的调配工作，能够完成对初级、中级装饰镶贴工施工状态的检查工作。

（2）操作技能

① 能做带有多线条石材的饰面独立柱身、柱帽、柱基。

② 能做各种图案的陶瓷锦砖（马赛克）墙、地。

③ 掌握大规格加厚毛石墙板施工方法及镶贴过程中垂直、平整控制操作。

④ 能进行拼花图案块料镶贴、放样、划拼。

⑤ 会悬挑结构干挂石材施工操作。

⑥ 会大型艺术瓷画造型拼贴及安装放线操作。

⑦ 会做带有配套阴阳角、粗面无釉瓷砖及独立柱操作。

⑧ 能进行一般古建筑各屋脊装饰造型施工。

⑨ 能对初级工、中级工进行辅导，能根据施工图纸要求，对各种造型结构饰面板材进行排版、放样定料。

4. 镶贴工技师

（1）理论知识

① 看懂复杂大样图，了解设计意图。

② 制定镶贴工艺卡，会审技术方案。

③ 掌握螺旋楼梯踏步、台阶弹线分步计算知识。

④ 熟悉装饰工程施工组织设计文件编写顺序及技术要求，了解相关工种施工组织设计文件。

⑤ 熟悉各种喷涂、搅拌、磨切等设备管理、维修保养的基本原理。

⑥ 使用计算机进行文字处理，了解绘制 CAD 图，各类拼花图设计，利用计算机进行饰面板排版，造型放线及材料套用。

⑦ 能够编制装饰镶贴各工序的工艺流程、主要用材的成本预算。

⑧ 撰写技术总结。

（2）操作技能

① 能按图纸编制本工种用料计划及编制装饰工程和相关

工种进度计划表。

② 熟悉季节施工对各种砂浆强度硬化的影响，合理控制不同季节配合比技术措施及养护。

③ 能够了解新材料、编写新工艺、使用新设备。

④ 会各种螺旋楼梯踏步、台阶弹线、分步板块镶贴操作。

⑤ 掌握交错作业过程中质量控制与产品保护措施实施。

⑥ 能对新型块料饰面板试做样板房、样板块。

⑦ 能够进行工、料计算优化成本分析。

⑧ 能进行浅色石材背面防污技术处理。

⑨ 能进行疑难复杂结构镶贴、设计与操作。

⑩ 掌握悬挑结构大规格石材施工安全技术措施。

⑪ 会各种造型石材施工放样及安装。

⑫ 掌握砖雕技术和堆塑技术应用操作的方法。

⑬ 具有各种饰面材料识别、等级鉴别的能力。

⑭ 能够对本职业技术操作难点进行示范及技艺传授，对中、高级工进行技术培训。

⑮ 掌握各种施工设备现场配置及场容场貌排污措施，合理排放，严格控制本工种施工过程中环境污染，实现文明施工。

5. 镶贴工高级技师

（1）理论知识

① 掌握大跨度的弧形拱门头的石材放样、定材挂贴施工工艺。

② 参与图纸会审与施工的技术交底。

③ 全面掌握镶贴工质量验收全过程。

④ 熟悉招、投标成本核算报价工作的方法，了解招、投标装饰部分、施工组织设计文件的编写。

⑤ 了解建筑装饰设计基本概念，掌握工程选材优化建材资源的方法。

⑥ 熟悉本工种验收资料，填写、编制顺序及资料存档的要求。

（2）操作技能

① 会大跨度的弧形拱门头的石材挂贴排场操作，并能将各种饰面板块镶贴在不同基层上。

② 能绘制复杂节点图，具有局部节点设计能力，能绘制本工种施工节点详图，完善竣工图编制，能编制新材料施工工艺，制订新材料技术方案。

③ 能制订施工设计方案，处理工艺技术难题，开拓新工艺、新技术。

④ 合理优化材料、用工、设备及标化工程选用方案，并能对材料进场取样结果进行判定。

⑤ 制定单体工程施工工程进度计划表，编制施工网络图。

⑥ 能制定相关工种交错作业安全技术，处理本职业工程质量事故难题，并具有本职业全面质量控制能力。

⑦ 会石材复杂造型放样，并能在计算机上独立完成各种曲面造型、排版、放样、材料计算等。

⑧ 能操作本工种所需各种施工仪器。

⑨ 具备相关职业技术协调能力，能对样板间施工技术进行指导及技艺示范，能对高级工、技师进行技术培训，并能制订本工种技能竞赛活动方案。

1.3 装饰装修镶贴的内容及分类

建筑装饰装修镶贴施工的内容，按项目可分为基层施工与防渗漏处理、墙面砖镶贴施工、墙面石材镶贴施工、地面砖铺贴施工、地面石材铺贴施工等。从表现形式上来看，又可分为前期交底基础检查、墙面铺贴施工作业和地面铺贴施工作业三种。

1.3.1 基层施工与防渗漏处理

基层施工主要内容是地面找平施工、墙面砖砌体修补施工、防水工程施工、排水管道和其他管线砌筑封闭施工等。

其中，地面找平工作内容含水平找平及压光处理、坡度找平及下沉式卫生间回填；砖砌体找平修补施工含砌体用材选择与定位放样、砌体交界处及防水梁浇筑处理、砂浆调制及墙体砌筑；修补工作内容含管线槽修补、楼板面孔洞修补及拆除后的门窗洞口及整墙拆除的界面口修补；防水工程施工含防水基层检查、清理和修补及防水施工；排水管道砌筑封闭工作内容含立管砌筑前的检查、管道砌筑前的隔声降噪处理及砌筑。

地面找平、墙面砖砌体修补、排水管道和其他管线砌筑封闭施工中要求施工表面应光滑、洁净、接茬平整，分格缝应清晰；护角、孔洞、槽、盒周围的抹灰表面应整齐、光滑；管道后面的抹灰表面应平整；抹灰层的总厚度应符合设计要求；水泥砂浆不得抹在石灰砂浆层上；罩面石膏灰不得抹在水泥砂浆层上；抹灰分格缝的设置应符合设计要求，宽度和深度应均匀，表面应光滑，棱角应整齐；有排水要求的部位应做滴水线（槽）。滴水线（槽）应整齐顺直，滴水线应内高外低，滴水槽的宽度和深度均不应小于 10mm。

基层施工中，不得随意改变既有设施、设备管线系统。住宅建筑室内凡设有生活用水点的场所，如卫生间、厨房、设有生活用水点的封闭阳台等，均应按防水设计及技术措施进行作业。

1.3.2 立面铺贴施工

立面是承载屋面结构重量，遮风挡雨，保温隔热，围护和分隔空间的构件。

立面铺贴施工是指面、块料铺贴施工，主要由墙面瓷砖镶贴和墙面石材镶贴两大部分组成。其中墙面块料铺贴施工工作内容有瓷砖清理、粘贴材料选用和调配、墙面砖的排版与放样排列、墙面砖铺贴、石材湿铺和灌浆铺贴、陶瓷锦砖（马赛克）铺贴、大理石窗台铺设及相关的成品保护等内容。施工前先做好铺贴前的前期准备工作，及对墙砖的质量检查。

立面瓷砖镶贴还包括条形砖镶贴、陶瓷锦砖（马赛克）镶贴、文化石镶贴、背栓干挂，墙面石材镶贴包括石材湿式镶贴、石材干挂、石材石柱安装、墙面线角安装（湿贴、挂式安装）等内容。

立面瓷砖镶贴质量基本要求：

（1）镶贴应牢固，表面色泽基本一致，平整干净，无漏贴、错贴；墙面空鼓率在2%以内，单块砖空鼓率在10%以内，缝隙均匀，周边顺直，砖面无裂纹、掉角、缺棱等现象，每面墙不宜有两列非整砖。

（2）墙面镶贴大尺寸瓷砖或石材时，应有保证其安全性的措施，边角处应无锐口或毛刺。

1.3.3 平面铺贴施工

平面铺贴施工是指地面块料铺贴施工，主要施工内容有湿、干性砂浆的调配，地砖排列，地面块料铺贴，地漏及门槛石铺设，楼梯及踢脚线铺设，相关的成品保护。施工前先做好铺贴前的前期准备工作，及对地砖的质量检查。

地面瓷砖铺贴包括常规砖湿式铺贴、抛光砖干式铺贴、瓷砖楼梯铺贴等内容，地面石材铺贴包括常规与异型铺贴、石材楼梯铺贴等内容。

平面铺贴施工质量基本要求：

（1）镶贴应牢固，表面平整干净，无漏贴、错贴；缝隙均匀，周边顺直，砖面无裂纹、掉角、缺棱等现象，留边宽度应一致。

（2）用小锤在地面砖上轻击，空鼓率在5%以内，单块砖空鼓率在10%以内。

（3）厨房、卫生间墙地面镶贴前应做好防水层，与地漏等结合处应密实、无渗漏。

（4）有排水要求的地面镶贴坡度应满足排水设计要求。

2 材　　料

2.1 陶瓷砖

陶瓷砖是由黏土和其他无机非金属原料，经成型、烧结等工艺生产的板状或块状陶瓷制品，通常在室温下通过干压、挤压或其他成型方法成型，然后干燥，在一定温度下烧成；用于装饰与保护建筑物、构筑物的墙面和地面。

按照其吸水率分为瓷质砖（$E\leqslant 0.5\%$）、炻瓷砖（$0.5\%<E\leqslant 3\%$）、细炻砖（$3\%<E\leqslant 6\%$）、炻质砖（$6\%<E\leqslant 10\%$）和陶质砖（$E>10\%$）。

陶瓷砖可以按成型方法和吸水率（E）两个项目进行分类，如表 2-1 所示。

表 2-1　陶瓷砖按成型方法和吸水率分类

<table>
<tr><td>成型方法</td><td colspan="2">Ⅰ类
$E\leqslant 3\%$</td><td>Ⅱa 类
$3\%<E\leqslant 6\%$</td><td>Ⅱb 类
$6\%<E\leqslant 10\%$</td><td>Ⅲ类
$E>10\%$</td></tr>
<tr><td rowspan="2">A（挤压）</td><td colspan="2" rowspan="2">AⅠ类</td><td>AⅡa1 类</td><td>AⅡb1 类</td><td rowspan="2">AⅢ类</td></tr>
<tr><td>AⅡa2 类</td><td>AⅡb2 类</td></tr>
<tr><td>B（干压）</td><td>BⅠa 类
瓷质砖 $E\leqslant 0.5\%$</td><td>BⅠb 类炻瓷砖 $0.5\%<E\leqslant 3\%$</td><td>BⅡa 类
细炻砖</td><td>BⅡb 类
炻质砖</td><td>BⅢ类
陶质砖</td></tr>
<tr><td>C（其他）</td><td colspan="2">CⅠ类</td><td>CⅡa 类</td><td>CⅡb 类</td><td>CⅢ类</td></tr>
</table>

按使用部位分为墙砖和地砖。按砖面上状态可分为有釉砖或无釉砖，有釉砖通常用于墙面，当用于地面时要注意有釉砖

的耐磨性分级，有釉地砖主要用于卫生间、厨房的地面装饰，与内墙砖配套使用。地砖大多是经过表面抛光处理的，因此又叫抛光砖。抛光砖吸水率小于0.5%，也称为瓷质砖或玻化砖。经过抛光后的瓷质砖，表面光洁如镜，是一种高档陶瓷产品。用抛光砖装饰的建筑物富丽堂皇、华贵气派。其价格较高，装饰客厅效果良好。

有釉砖耐磨性分级：

0级：该级有釉砖不适用于铺贴地面。

1级：该级有釉砖适用于柔软的鞋袜或不带有划痕、灰尘的光脚使用的地面（例如：没有直接通向室外通道的卫生间或卧室使用的地面）。

2级：该级有釉砖适用于柔软的鞋袜或普通鞋袜使用的地面。大多数情况下，偶尔有少量划痕、灰尘（例如：家中起居室，但不包括厨房、入口处和其他有较多来往的房间）。该等级的砖不能用特殊的鞋，例如带平头钉的鞋。

3级：该级有釉砖适用于平常的鞋袜，带有少量划痕、灰尘的地面（例如：家庭的厨房、客厅、走廊、阳台、凉廊和平台）。该等级的砖不能用特殊的鞋，例如带平头钉的鞋。

4级：该级有釉砖适用于有划痕、灰尘，来往行人频繁的地面，使用条件比3类地砖恶劣（例如：入口处、饭店的厨房、旅店、展览馆和商店等）。

5级：该级有釉砖适用于行人来往非常频繁并能经受划痕灰尘的地面，甚至于使用环境较恶劣的场所（例如：公共场所如商务中心、机场大厅、旅馆门厅、公共过道和工业应用场所等）。

一般情况下，所给的使用分类是有效的，考虑到所穿的鞋袜、交通的类型和清洁的方式，建筑物的地板清洁装置在进口处适当地防止划痕、灰尘进入。

对于地砖还要注意：室内外踏步、台阶、坡道以及人行道和公共设施区域所选用的地砖要考虑防滑要求。

陶瓷砖还有很多细分种类：

马赛克：马赛克（Mosaic）最早是一种镶嵌艺术，是以小石子、贝壳、小陶砖、小瓷砖或玻璃碎片等有色嵌片在墙地面上镶嵌出各种图案的一种艺术，发源于古希腊。在现代，马赛克则多被指为一种特殊存在方式的砖，一般由数十块小砖组成一个规格较大的砖。它因具有小巧玲珑、色彩斑斓的特点而被广泛应用于室内外墙地面的装饰。

现代马赛克的种类很多，除了常见的陶瓷马赛克、大理石马赛克、玻璃马赛克外，还有水晶马赛克、金属马赛克、树脂马赛克、贝壳马赛克、椰壳马赛克、实木马赛克、船木马赛克，等等。

玻化砖：玻化砖是经高温烧结、完全瓷化的瓷砖。因其高温烧结过程中生成了莫来石等多种晶体，所以理化性能稳定，具有表面光洁、易清洁保养、耐磨耐腐蚀、强度高、装饰效果好、用途广、用量大等特点，被称为“瓷砖之王”。常用规格是 400mm × 400mm、500mm × 500mm、600mm × 600mm、800mm×800mm、900mm×900mm、1000mm×1000mm。

微晶石：微晶石是一种采用天然无机材料、运用高新技术制成的新型绿色环保高档建筑装饰材料。

根据微晶石的原材料及制作工艺，可以把微晶石分为三类：无孔微晶石、通体微晶石、复合微晶石。

无孔微晶石：也称人造汉白玉，属于人造石材，是一种多项理化指标均优于普通微晶石、天然石的新型高级环保石材，具有色泽纯正、不变色、无辐射、不吸污、硬度高、耐酸碱、耐磨损等特性。其最大特点：通体无气孔、无杂斑点、光泽度高、吸水率为零、可打磨翻新，弥补了普通微晶石、天然石的缺陷。其适用于高级装修场所的外墙、内墙、地面、圆柱、洗手盆、台面等。

通体微晶石：也称微晶玻璃，属于玻璃制品，是一种新型的高档装饰材料。它是由特定组成的玻璃，经有控条件下的晶化热处理，形成的微晶相和玻璃相均匀分布的复合材料。因此，其具有很高的硬度和强度。其在成型过程中又经过二次的高温熔融定型，因而，没有天然石材形成的纹理，所以既不易断裂、不吸水，又不怕侵蚀和污染，光泽度也高。装饰后不会出现色差、泛碱、吐汁等现象，不需保养维护。

复合微晶石：也称微晶玻璃陶瓷复合板，属于建筑陶瓷，是在陶瓷玻化砖表面复合一层3～5mm微晶玻璃的一种新型复合板材，是经二次烧结（现在也有一次烧成的产品）而成的高科技新产品。微晶玻璃陶瓷复合板的厚度在13～18mm，光泽度>95。

抛光砖：抛光砖是通体砖坯体表面经过打磨而成的一种光亮的砖，属通体砖的一种。相对于普通通体砖而言，抛光砖表面要光洁得多。抛光砖坚硬耐磨，适合在除洗手间、厨房以外的多数室内空间中使用，比如用于阳台、外墙装饰等。在运用渗花技术的基础上，抛光砖可以做出各种仿石、仿木效果。

仿古砖：仿古砖不是我国建陶业的产品，是从国外引进的。仿古砖是从彩釉砖演化而来的，实质上是上釉的瓷质砖。与普通的釉面砖相比，其差别主要表现在釉料的色彩上面。仿古砖属于普通瓷砖，与瓷片基本是相同的。所谓仿古，指的是砖的效果，应该叫仿古效果的瓷砖。仿古砖并不难清洁。唯一不同的是，在烧制过程中，仿古砖技术含量要求相对较高，数千吨液压机压制后，再经千度高温烧结，使其强度高，具有极强的耐磨性。经过精心研制的仿古砖兼具了防水、防滑、耐腐蚀的特性。

主要规格有：100mm × 100mm、150mm × 150mm、165mm × 165mm、200mm × 200mm、300mm × 300mm、330mm × 330mm、400mm × 400mm、500mm × 500mm、

600mm×600mm。

锦砖：面积小于 4cm^2 的砖和玻璃马赛克简称锦砖。

陶砖：陶砖是黏土砖的一种，介于陶土砖与陶瓷砖之间。陶砖原产于澳大利亚，由马来西亚等国家引进，是产品不断优化及西方传统工艺不断延伸的新产品。陶砖通常采用优质黏土和紫砂陶土及其他原料配制、高温烧制而成。较传统陶土砖而言，陶砖质感更细腻、色泽更稳定，线条优美，实用性更强，能耐高温、抗严寒、耐腐蚀、抗冲刷，返璞归真，不褪色，可根据需要添加矿物元素生产多种色彩的砖品，不仅具有自然美，更具有浓厚的西方文化气息和欧式建筑风格。

广场砖：广场砖属于耐磨砖的一种，主要用于休闲广场、市政工程、园林绿化、屋顶美观、花园阳台等人流量众多的公共场合。其砖体色彩简单，砖面体积小，表面粗犷、防滑，通过不同规格、各种颜色的灵活巧妙设计，可以拼贴出丰富多彩、风格迥异的图案，可满足各种地面、屋顶、室内铺装工程的施工标准和装饰需要。

劈开砖：又名劈离砖，是陶瓷墙地砖的一种。一般是含水湿坯泥在装有中空模具的真空螺旋挤出机挤出成型，由扁薄的筋条将两片砖坯联结为一体的中空坯体，经切割干燥后烧成，然后以人工或机器沿筋条联结处劈开为两片产品，故名劈开砖。劈开砖按表面的光滑程度，可分为平面砖和拉毛砖，前者表面细腻光滑，后者是在坯料中加入颗粒料并在模具出口安装细钢丝对砖坯表面进行剖割，产品表面布满粗颗粒或凹坑，从而使产品表面获得粗糙的装饰效果。

软瓷：软瓷不是瓷砖，是以黏土、砂等材料，添加无机胶凝材料和高分子聚合物，经混合、压制成型、烘干、切割等工艺而成的一种具有柔性的建筑装饰面材。由于它具有瓷砖的外观效果，因此俗称软瓷，随着技术的发展，可以发展到仿石材、仿皮纹、仿木等。

如图 2-1 所示砖背面（粘贴面）上残存的白色砖底涂料，是为了防止陶瓷砖在千度高温烧制过程中与辊道窑辊棒发生粘结而施用的，主要成分为氧化铝或氧化镁的耐火涂料的残留物。质地疏松的砖底涂料残留物可能影响陶瓷砖与基面之间的胶粘强度，导致陶瓷砖脱落而引发安全事故。图 2-2 所示为涂料残留物与砖体脱开后的情形。

图 2-1 砖背上的残留砖底涂料

图 2-2 墙砖脱落后显示出的砖底涂料

2.2 陶瓷板

按国标《陶瓷板》（GB/T 23266—2009）所描述，陶瓷板是由黏土和其他无机非金属材料经干压成型、高温烧成等生产工艺制成的板状陶瓷制品，要求厚度不大于 6mm 且上表面面积不小于 1.62m^2。按表面特征分为有釉陶瓷板和无釉陶瓷板。

陶瓷板单位面积质量较轻，但其硬度、耐磨度、表面光泽度、破坏强度和抗污性能却十分优异。

陶瓷板具有寿命长、无缝隙、易打理、低碳节能、可减轻墙体负重、增加室内使用空间、地暖效果比厚瓷砖好等特点。其铺贴缝少，美观大方，表面的硬度极高，使用过程中维护成本低，便于清洁，又能节省空间，是公共场所的很好选择。

陶瓷板可以根据不同的安装需要进行任意切割，以满足建筑风格的需要。

建筑陶瓷薄板的性能指标见表 2-2。

表 2-2 建筑陶瓷薄板的性能指标

序号	项目		指标	试验方法
1	吸水率（%）		≤0.5	按现行国家标准《陶瓷板》（GB/T 23266）的有关规定进行
2	破坏强度（N）	厚度≥4mm	≥800	
		厚度<4mm	≥400	
3	断裂模数（MPa）		45	
4	耐磨性（mm^3）		≤150	
5	内照射指数		≤1.0	按现行国家标准《建筑材料放射性核素限量》（GB 6566）的有关规定进行
	外照射指数		≤1.3	
6	耐污染性		不低于 3 级	按现行国家标准《陶瓷砖试验方法 第 14 部分：耐污染性的测定》（GB/T 3810.14）的有关规定进行
7	抗冲击性		恢复系数不低于 0.7	按现行国家标准《陶瓷砖试验方法 第 5 部分：用恢复系数确定砖的抗冲击性》（GB/T 3810.5）的有关规定进行
8	耐低浓度酸和碱		不低于 ULB 级	按现行国家标准《陶瓷板》（GB/T 23266）的有关规定进行

2.3 石　材

石材作为一种高档建筑装饰材料，广泛应用于室内外装饰设计、幕墙装饰和公共设施建设。目前市场上常见的石材主要分为天然石材和人造石材。

天然石材是指从天然岩体中开采出来的，加工成块状或板状材料的总称，如大理石、花岗石、石灰石等。

建筑装饰用的天然石材主要有花岗石和大理石两大种。天然石材是最古老的土木工程材料之一。天然石材具有很高的抗压强度、良好的耐磨性和耐久性，经加工后表面美观而富于装饰性、资源分布广、蕴藏量丰富、便于就地取材、生产成本低等优点，是古今土木工程中修筑城垣、桥梁、房屋、道路及水利工程的主要材料，是现代土木工程的主要装饰材料之一。

天然石材可大致分为以下三类。火成岩是由地幔或地壳的岩石经熔融或部分熔融的物质如岩浆冷却固结形成的，花岗岩就是火成岩的一种；沉积岩是在地表不太深的地方，将其他岩石的风化产物和一些火山喷发物，经过水流或冰川的搬运、沉积、成岩作用形成的岩石，石灰石和砂岩属于这一类；变质岩是在高温高压和矿物质的混合作用下由一种石头自然变质成的另一种石头，大理石、板岩、石英岩、玉石都属于变质岩。

花岗岩是一种非常坚硬的火成岩，它的密度很高，耐划痕和耐腐蚀。它非常适合用于地板和厨房台面。花岗岩有几百个品种。

大理石是指沉积的或变质的碳酸盐岩类的岩石，是石灰石的衍生物，可以抛光打磨。大理石具有软性，容易划伤或被酸性物质腐蚀。世界各地有数不清的大理石种类，推荐新品木纹玉荒料。

石灰石是沉积岩的一种，是由方解石和沉积物组成的，形成各种颜色。

砂岩也是沉积石的一种，主要由松散的石英砂颗粒组成，质地粗糙。砂岩也有许多品种可供选择。

板岩是一种变质岩，原岩为泥质、粉质或中性凝灰岩，沿板理方向可以剥成薄片。板岩的颜色随其所含有的杂质不同而变化，含铁的为红色或黄色，含碳质的为黑色或灰色，因此一般以其颜色命名分类，如绿色板岩、黑色板岩、钙质板岩等。含钙的遇盐酸会起泡。

人造石是用非天然的混合物制成的，如树脂、水泥、玻璃珠、铝石粉等加碎石黏合剂。人造石（又称“人造大理石”）。人造石 30 年前在美国问世，我国最早应用人造石制品作为装饰材料是在 20 世纪 90 年代中期，先在一些沿海发达城市使用，几年后广泛流行。

文化石是开采于自然界的石材矿，其中的板岩、砂岩、石英石经过加工，成为一种装饰建材。文化石材质坚硬、色泽鲜明、纹理丰富、风格各异，具有抗压、耐磨、耐火、耐寒、耐腐蚀、吸水率低等特点。

所谓大理石，是指沉积的或变质的碳酸盐岩类的岩石，有大理岩、白云岩、灰岩、砂岩、页岩和板岩等。如我国著名的汉白玉就是北京房山产的白云岩，云南大理石则是产于大理县的大理岩，著名的丹东绿则为蛇纹石化硅卡岩。同样，作为石材开采的各类岩浆岩，如安山岩、辉绿岩、绿长岩、片麻岩等称之为花岗石。如北京白虎涧的白色花岗石是花岗岩，济南青是辉长岩，而青岛的黑色花岗石则是辉绿岩。

人造石材是一种人工合成的装饰材料。按照所用胶粘剂不同，可分为有机类人造石材和无机类人造石材两类。按其生产工艺过程的不同，又可分为聚酯型人造大理石、复合型人造大理石、硅酸盐型人造大理石、烧结型人造大理石四种类型。按工序分为水磨石和合成石。水磨石是以水泥、混凝土等原料煅压而成；合成石是以天然石的碎石为原料，加上黏合剂等经加压、抛光而成。

2.4　陶瓷砖胶粘剂、石材胶粘剂、填缝剂、美缝剂

2.4.1　陶瓷砖胶粘剂的定义和分类

陶瓷砖胶粘剂是用于将陶瓷墙地砖粘贴、固定于基面上的一类建筑材料，简称瓷砖胶，也称胶粘剂、粘结剂等。陶瓷砖胶粘剂分为三种类型，用英文字母表示：

——水泥基胶粘剂（C）；

——膏状乳液基胶粘剂（D）；

——反应型树脂胶粘剂（R）。

陶瓷砖胶粘剂根据不同性能有不同的分类，这些分类的代号采用下列的数字、字母表示：

——普通型胶粘剂（1）；

——增强型胶粘剂（2）；

——快凝型胶粘剂（F）；

——加速干燥胶粘剂（A）；

——抗滑移型胶粘剂（T）；

——加长晾置时间胶粘剂（E）；

——特殊变形性能的水泥基胶粘剂（S，其中 S1：柔性 S2；高柔性）；

——外墙基材为胶合板时的胶粘剂（P）。

陶瓷砖胶粘剂根据基本性能、附加性能和特殊性能可以组合成不同类型的产品。产品代号由三部分组成，第一部分用字母表示产品的类型，第二部分用数字表示产品的性能，第三部分用字母表示不同的特殊性能，其中第三部分允许空缺，表示没有特殊性能。表 2-3 给出了目前比较常用的胶粘剂的分类和代号。

表 2-3　常用胶粘剂的分类和代号

分类	代号	说明
C	1	普通型-水泥基胶粘剂
	1F	快凝型-普通型-水泥基胶粘剂
	1T	抗滑移型-普通型-水泥基胶粘剂
	1FT	抗滑移型-快凝型-普通型-水泥基胶粘剂
	2	增强型-水泥基胶粘剂
	2E	加长晾置时间-增强型-水泥基胶粘剂
	2F	快凝型-增强型-水泥基胶粘剂
	2T	抗滑移型-增强型-水泥基胶粘剂
	2TE	抗滑移型-加长晾置时间-增强型-水泥基胶粘剂
	2FT	抗滑移型-快凝型-增强型-水泥基胶粘剂
D	1	普通型-膏状乳液基胶粘剂
	1T	抗滑移型-普通型-膏状乳液基胶粘剂
	2	增强型-膏状乳液基胶粘剂
	2A	增强型-加速干燥-膏状乳液基胶粘剂
	2T	抗滑移型-增强型-膏状乳液基胶粘剂
	2TE	抗滑移型-加长晾置时间-增强型-膏状乳液基胶粘剂
R	1	普通型-反应型树脂胶粘剂
	1T	抗滑移型-普通型-反应型树脂胶粘剂
	2	增强型-反应型树脂胶粘剂
	2T	抗滑移型-增强型-反应型树脂胶粘剂

水泥基材料的性价比和可选择范围更宽，在没有特别描述时，通常提到的陶瓷砖胶粘剂一般是指水泥基胶粘剂。它是在传统水泥砂浆的基础上加入了特殊添加剂，用以调整凝结时间、提高粘结力和保水性、提高抗滑移能力、抵消水泥收缩等。

使用陶瓷砖胶粘剂的优势：

(1) 施工工艺先进。陶瓷砖胶粘剂具有良好的保水能力，施工时，瓷砖和基底都不必预先浸泡或者润湿。如果使用足够的添加剂并且配比正确，在未固结瓷砖胶上的瓷砖也不会滑动、移位。这样，就不需要再在瓷砖之间插入定位器，并且贴砖也可以自上方向下方进行施工，施工效率及施工质量得以大幅度提高。

(2) 节约材料用量。2～3mm的粘结胶层即可以产生足够的粘结力，能大幅度降低材料使用量。

(3) 可有效地提高工程质量。瓷砖砖胶粘剂粘结力强、柔韧性好，可减少分层和剥落的可能，保障工程质量，避免长期使用后的空鼓、开裂问题；可减少裂缝产生的机会，以增强对墙体的保护功能。

(4) 产品质量稳定。工厂预先干拌混合，质量稳定。施工现场只需加水搅拌即可，简单方便，质量容易控制。

(5) 利于环境保护。能减少废料，无有毒的添加物，符合环保要求。

水泥基胶粘剂的性能指标见表2-4。

表2-4 水泥基胶粘剂(C)的性能指标

性能代码	性 能	指 标
基本性能	晾置时间：拉伸胶粘强度	至少20min后≥0.5MPa
基本性能C1 “普通型”	拉伸胶粘原强度	≥0.5MPa
	浸水后的拉伸胶粘强度	≥0.5MPa
	热老化后的拉伸胶粘强度	≥0.5MPa
	冻融循环后的拉伸胶粘强度	≥0.5MPa
基本性能C2 “增强型”	拉伸胶粘原强度	≥1.0MPa
	浸水后的拉伸胶粘强度	≥1.0MPa
	热老化后的拉伸胶粘强度	≥1.0MPa
	冻融循环后的拉伸胶粘强度	≥1.0MPa

续表

性能代码	性　能	指　标
可选性能 E “加长晾置时间”	晾置时间：拉伸胶粘强度	至少 30min 后≥0.5MPa
可选性能 F “快速硬化”	早期拉伸胶粘强度	不超过 24h≥0.5MPa
	晾置时间：拉伸胶粘强度	至少 10min 后≥0.5MPa
可选性能 T “抗滑移”	竖向滑移	≤0.5mm
可选性能 S1 “变形能力”	横向变形能力	2.5～5mm
可选性能 S2 “高变形能力”	高横向变形能力	≥5mm

膏状乳液基胶粘剂是由水性聚合物乳液、添加剂和矿物填料等组成的有机黏合剂，拌和后可直接使用。它是一种在施工现场无须处理、开桶即用的粘结材料，比较适合用于室内区域、不经常遇水的墙面区域。膏状乳液基胶粘剂的 pH 值（酸碱度）低于水泥基材料，一些对 pH 值敏感的面材可以考虑此类粘结材料；开桶即用，施工现场不会产生因搅拌而引起的粉末。聚合物乳胶体作为胶凝材料，抗压强度低，不能用于地面施工。膏状乳液基胶粘剂的性能指标见表 2-5。

表 2-5　膏状乳液基胶粘剂（D）的性能指标

性能代码	性　能	指　标
基本性能	晾置时间：拉伸胶粘强度	至少 20min 后≥0.5MPa
基本性能 D1 “普通型”	剪切胶粘原强度	≥1.0MPa
	热老化后的剪切胶粘强度	≥1.0MPa

续表

性能代码	性　能	指　标
基本性能 D2 “增强型”	浸水后的剪切胶粘强度	≥0.5MPa
	高温下的剪切胶粘强度	≥1.0MPa
可选性能 E “加长晾置时间”	晾置时间：拉伸胶粘强度	至少 30min 后≥0.5MPa
可选性能 T “抗滑移”	竖向滑移	≤0.5mm

反应型树脂胶粘剂是指由合成树脂、矿物填料和添加剂组成单组分或多组分混合物，通过化学反应固化的胶粘剂，拌和均匀后使用。反应型树脂胶粘剂是以合成树脂为基础的材料，具有极好的耐酸、碱性能和耐水性能，可用于有一定酸碱腐蚀的场合和长期泡水的区域。反应型树脂胶粘剂的性能指标见表 2-6。

表 2-6　反应型树脂胶粘剂（R）的性能指标

性能代码	性　能	指　标
基本性能	晾置时间：拉伸胶粘强度	至少 20min 后≥0.5MPa
基本性能 R1 “普通型”	剪切胶粘原强度	≥2.0MPa
	浸水后的剪切胶粘强度	≥2.0MPa
基本性能 R2 “增强型”	热震后的剪切胶粘强度	≥2.0MPa
可选性能 T “抗滑移”	竖向滑移	≤0.5mm

2.4.2　弹性瓷砖胶（有机胶粘剂）

弹性瓷砖胶（有机胶粘剂）是以高分子树脂、颜填料和相关助剂等组成，反应固化后具有弹性形变能力的陶瓷砖粘结材料。这里所提有机胶粘剂多为单组分湿气固化聚氨酯密封胶，这类材料具有良好的密封性能和内聚力，对被粘基材无腐蚀，无溶剂，对环境无污染，黏度大，粘结性良好，初始定位好，非常适合瓷砖与粘结材料剥离类型的脱落后原位修复及大板铺贴。

弹性瓷砖胶的主要力学指标可参照表 2-7。

表 2-7 弹性瓷砖胶的主要力学指标

试验项目		技术指标（MPa）
拉伸胶粘原强度	≥	0.6
热老化后的拉伸胶粘强度	≥	0.4
冻融循环后的拉伸胶粘强度	≥	0.4
低温固化后的拉伸胶粘强度	≥	0.4
碱水浸渍后的拉伸胶粘强度	≥	0.4

2.4.3 石材用胶粘剂的定义和分类

石材胶粘剂是石材从生产加工到使用过程中都会使用到的材料。按组成可分为水泥基石材胶粘剂和反应型树脂石材胶粘剂。

（1）水泥基石材胶粘剂

水泥基石材胶粘剂是由水硬性胶凝材料、矿物集料、有机外加剂组成的粉状混合物，使用时需要与水或其他液体按比例拌和。水泥基石材胶粘剂的技术指标见表 2-8。

表 2-8 水泥基石材胶粘剂的技术指标

<table>
<tr><th colspan="3">项 目</th><th>普通地面</th><th>重负荷地面及墙面</th></tr>
<tr><td rowspan="5">普通型</td><td>拉伸粘结强度</td><td>≥</td><td rowspan="5">0.5MPa</td><td rowspan="5">1.0MPa</td></tr>
<tr><td>浸水后拉伸粘结强度</td><td>≥</td></tr>
<tr><td>热老化后拉伸粘结强度</td><td>≥</td></tr>
<tr><td>冻融循环后拉伸粘结强度</td><td>≥</td></tr>
<tr><td>晾置 20min 后拉伸粘结强度</td><td>≥</td></tr>
</table>

续表

项目		普通地面	重负荷地面及墙面
快速硬化型	拉伸粘结强度 ≥		1.0MPa
	早期拉伸粘结强度（24h） ≥		0.5MPa
	浸水后拉伸粘结的强度 ≥		
	热老化后拉伸粘结强度 ≥	0.5MPa	1.0MPa
	冻融循环后拉伸粘结强度 ≥		
	晾置10min后拉伸粘结强度 ≥		0.5MPa

（2）反应型树脂石材胶粘剂

反应型树脂石材胶粘剂是由合成树脂、矿物填料和有机外加剂组成的单组分或多组分混合物，通过化学反应使其硬化。胶粘剂各组分分别搅拌后应为细腻、均匀黏稠液体或膏状物，不应有离析、颗粒和凝胶。各组分颜色应有明显差异。胶粘剂的适用期一般应大于30min，快固型和有特殊要求的可由供需双方商定。

饰面石材用反应型树脂石材胶粘剂的物理力学性能应符合表2-9的技术要求。

表2-9 反应型树脂石材胶粘剂的技术要求

项目	生产			安装	
	复合	增强	组合连接	地面	墙面
压剪粘结强度（MPa） ≥			10.0		10.0
浸水后压剪粘结强度（MPa） ≥	5.0	5.0	8.0	2.0	8.0
热老化后压剪粘结强度（MPa） ≥			8.0		8.0
高低温交变循环压剪粘结强度 ≥	—	—	—		—
冻融循环后压剪粘结强度（MPa） ≥	4.0	4.0	8.0	—	8.0
拉剪粘结强度（石材-金属）（MPa） ≥	—	—	8.0	—	8.0
冲击强度（kJ/m^2） ≥	—	—	3.0	—	3.0
弯曲弹性模量（MPa） ≥			2000	—	2000

① 环氧树脂石材胶粘剂

环氧树脂胶粘剂一般用作石材干挂胶，广泛运用于石材幕墙干挂；此外也广泛用于石材的修补、填缝；透明型环氧干挂胶适用于石材和瓷砖拼花。这类胶粘剂有良好的粘结力、较低的热变形温度、一定的可擦洗能力，能满足拼花工艺要求，尤其是瓷砖拼花对胶粘剂有特殊的要求。

环氧树脂胶粘剂主要由环氧树脂和固化剂组成。环氧树脂是指在分子链结构中含有两个或两个以上的环氧基高分子化合物的统称。环氧树脂品种繁多，用于配制胶粘剂的主要为两类：缩水甘油型和环氧化烯烃型；固化剂是环氧树脂胶粘剂产生黏性必不可少的物质，只有通过加入适当比例的固化剂，环氧树脂才能产生预期粘结性。这是因为环氧树脂本身是热塑型结构的化合物，本身并没有胶粘剂作用，只有通过加入固化剂后，使环氧树脂分子结构形成不熔不溶的网状结构，才对石材粘结有实用价值。因此，使用固化剂与否是使环氧树脂能否变成胶粘剂的关键。

② 云石胶

天然石材具有优良的材料性能和丰富多彩的装饰效果，越来越受到人们的欢迎，已经成为建筑物装饰的主要装饰材料。然而天然石材在开采及加工过程中经常会造成断裂和板材表面裂纹发生，由于天然石材一般比较昂贵，所以石材开采企业和加工企业一般采用云石胶来粘接、修补石材的缺陷。另外，随着建筑装饰业的快速发展，石材在装饰业的用量也在逐年上升，因此对石材胶粘剂的性能要求也在不断提高。

云石胶一般由不饱和聚酯树脂和环氧树脂等为基体的树脂、添加其他改性材料及适当的固化剂制成，是一种适用于石材的定位、修补等非结构承载粘结用途的石材胶粘剂。按基体树脂分为不饱和聚酯树脂型和环氧树脂型；按用途可分为Ⅰ型和Ⅱ型，Ⅰ型适用于耐水要求较高的产品，Ⅱ型适用于一般要求的产品。

2.4.4 陶瓷砖填缝剂的定义和分类

适用于填充陶瓷砖间接缝的材料统称为陶瓷砖填缝剂，简称填缝剂，也称勾缝剂、填缝料等。

一些老工匠习惯于用白色或彩色水泥浆一类的材料填充砖缝，但因体积收缩、吸水率高、固化不良等问题的存在会造成陶瓷饰面系统不美观和不卫生，故水泥浆类材料不应用作填缝材料。

陶瓷砖填缝剂按组成分为两类，用英文字母表示：

——水泥基填缝剂，代号为CG；

——反应型树脂填缝剂，代号为RG。

反应型树脂填缝剂根据树脂类型分为：溶剂型-反应型树脂填缝剂，代号为Ⅰ；水性-反应型树脂填缝剂，代号为Ⅱ。

水泥基填缝剂的产品有不同的分类，这些分类的代号采用下列的数字、字母表示：

——普通型填缝剂，代号为1；

——改进型填缝剂，代号为2；应至少满足下列一项附加性能的要求：

1）低吸水性填缝剂（W）；

2）高耐磨性填缝剂（A）；

3）柔性填缝剂（S）。

水泥基填缝剂产品的特殊性能包括：

——快硬性填缝剂，代号为F；

——低吸水性填缝剂，代号为W；

——高耐磨性填缝剂，代号为A；

——柔性填缝剂，代号为S。

陶瓷砖填缝剂根据基本性能、附加性能和特殊性能可以组合成不同类型的产品。填缝剂的这些类型用不同的代号来表示。产品代号由三部分组成，第一部分用字母表示产品的分类，第二部分用数字表示产品的性能，第三部分用字母表示不同的特殊性能，其中第三部分允许空缺，表示没有特殊性能。目前比较常用的填缝剂的分类和代号见表 2-10。

表 2-10　常用填缝剂的分类和代号

分类	代号	说　　明
CG	1	普通型-水泥基填缝剂
	1F	快硬性-普通型-水泥基填缝剂
	2A	高耐磨性-改进型-水泥基填缝剂
	2W	低吸水性-改进型-水泥基填缝剂
	2S	柔性-改进型-水泥基填缝剂
	2WA	低吸水性-高耐磨性-改进型-水泥基填缝剂
	2AF	高耐磨性-快硬性-改进型-水泥基填缝剂
	2WF	低吸水性-快硬性-改进型-水泥基填缝剂
	2WAF	低吸水-高耐磨-快硬性-改进型-水泥基填缝剂
	2WAS	低吸水-高耐磨-柔性改进型-水泥基填缝剂
RG	Ⅰ	溶剂型-反应型树脂填缝剂
	Ⅱ	水性-反应型树脂填缝剂

水泥基填缝剂是指由水硬性胶凝材料水泥、矿物集料、有机和（或）无机外加剂按一定比例配料，混合均匀的粉状混合物，使用时需与水或其他液体拌和。

目前市场上以水泥基填缝剂为主，通常所说的填缝剂即指水泥基填缝剂。常见的水泥基填缝剂的常规性能指标见表 2-11，附加性能指标见表 2-12。

表 2-11 水泥基填缝剂（CG）的性能指标

分类	性能		指标
CG1 的基本性能	耐磨性（mm^3）		≤2000
	抗折强度（MPa）	标准试验条件下	≥2.5
		冻融循环后	
	抗压强度（MPa）	标准试验条件下	≥15
		冻融循环后	
	收缩值（mm/m）		≤3
	吸水量（g）	30min	≤5.0
		240min	≤10.0
CG2 的附加性能	增强性能		除满足 CG1 所有的要求之外，填缝剂要满足至少一项特殊性能要求：低吸水性（W）、高耐磨性（A）或柔性（S）

表 2-12 水泥基填缝剂（CG）的附加性能指标

特殊性能			指标
F 快硬性	24h 抗压强度（MPa）		≥15
A 高耐磨性	耐磨性（mm^3）		≤1000
W 低吸水性	吸水量（g）	30min	≤2.0
		240min	≤5.0
S 柔性	横向变形（mm）		≥2.0

值得一提的是，陶瓷砖填缝剂标准要求的性能与陶瓷砖胶粘剂标准中要求的性能完全不同，所以一般的陶瓷砖胶粘剂不适合作填缝剂；反之亦然。

反应型树脂填缝剂，多为环氧填缝剂和环氧彩砂填缝剂，具有极好的抗渗、抗冻、耐盐、耐碱、耐弱酸腐蚀、低收缩等性能。反应型树脂填缝剂的性能指标见表 2-13。

表 2-13 反应型树脂填缝剂的性能指标

分类	性能		指标	
			RGⅠ	RGⅡ
RG的基本性能	耐磨性（mm^3）		≤250	
	抗折强度（MPa）	标准试验条件下	≥30.0	≥10.0
	抗压强度（MPa）	标准试验条件下	≥45.0	≥25.0
	收缩值（mm/m）		≤1.5	
	吸水量（g）	240min	≤0.1	≤0.2

环氧填缝剂对于卫生、清洁度有高标准要求的区域，如游泳池、浴室、盥洗室、商店、医院、水疗中心、体育场馆等有极佳的适用性，特别是耐磨性能，环氧填缝剂有很强的优势，地面行走、厨房间污染物清理，这些都有耐磨要求。当附加上抑菌能力、抗腐蚀及化学侵蚀、抗 UV（色变能力）等性能，环氧填缝剂是各类有特殊性能要求场所的常规解决方案。

环氧填缝剂通常由 A、B 组分（环氧树脂和固化剂）和 C 组分（彩色集料）组成，施工时现场混合后，以类似于水泥基填缝剂的施工方法，用光滑的硬橡胶底镘刀将混合好的浆体挤压填入干燥的缝内即可，要及时清理、清洗砖面。

2.4.5 美缝剂的定义和分类

美缝剂是以环氧树脂为基料，添加各种填料和助剂组成膏状体，施工时填充于陶瓷饰面砖、石材、马赛克等铺贴预留缝隙间，兼具美化和装饰缝隙的嵌缝材料。

美缝剂的分类如下：

1. 根据固化类型分类

（1）湿-气固化型：通过与空气中的湿-气反应而硬化的美缝剂。这类产品通常为单组分。

（2）反应型：通过固化剂固化的双组分或多组分美缝剂。

这类产品的典型特征为双组分或多组分。

2. 根据材料类型分类

（1）环氧树脂类：环氧树脂是一种高性能的通用型有机化合物。固化后的环氧树脂具有良好的物理、化学性能，它对金属和非金属材料的表面具有优异的粘结强度，变形收缩率小，制品尺寸稳定性好，硬度高，柔韧性较好，对碱及大部分溶剂稳定。环氧树脂应用于美缝剂大约开始于 2009 年，早期以陶瓷泥、挡水胶为典型应用。

（2）油性环氧树脂类：产品不溶于水。目前市场主流的产品为油性双组分环氧树脂类美缝剂。

（3）水性环氧树脂类：产品固化前溶于水，可用水作为稀释剂。水性环氧树脂类美缝剂 2013 年前后出现于我国市场，以三组分为经典代表，但水性或亲水性环氧树脂类美缝剂在发达国家已经使用多年，均以三组分、四组分为主流。

美缝剂基本上解决了瓷砖缝隙易于脏、黑、发霉等问题，装饰性效果也明显优于水泥基填缝剂。美缝剂多为脆性材料，室内墙面和地面陶瓷饰面砖粘贴工程设置的伸缩缝、墙体变形产生的缝隙不得用美缝剂填充。同时，对于不同类型的工程基面条件，所适用的美缝剂材质也有所不同，具体见表 2-14。

表 2-14 根据工程基面条件选择美缝剂

基面条件	材料性质	
	水 性	油 性
干燥区域	适用	适用
潮湿区域	适用	不适用
粗糙基面	适用	不适用
光滑基面	适用	适用
吸水基面	适用	不适用
憎水基面	适用	适用

2.5 找平材料

基面找平工程是装饰装修的基础工程，其材料和施工质量的好坏直接影响着最终的效果。根据施工部位不同，找平工程分为地面找平和墙面找平。

房屋在建造过程中，基于材料和工法等多种原因，墙面的平整度、垂直度、房间内部的方正度以及地面的平整度、泛水坡度等在尺寸、表面状态方面都存在着与设计或实际使用需求的差异。国内大多数消费者对室内装饰方面的要求是以平整光滑为美，而房屋在结构建造过程中很难保证基面达到要求的平整度等，所以基面找平是装饰工程中最基本的要求。

墙面找平，就是对建筑的结构墙体的垂直度、表面的平整度、房间内部的方正度进行修正。旧建筑墙面开裂、墙面受潮、旧墙面材料破坏发生后需进行找平修复作业。墙面不平整，贴出的瓷砖也会不平整。而且，当贴瓷砖作业兼顾找平时，各部位粘结材料的厚度和施工时压到材料上的力不同，极易产生空鼓、开裂等问题。用 2m 靠尺检查表面平整度允许偏差大于 4mm 时，需要先找平。

传统的墙面找平材料通常是现场混合的材料：水泥砂浆、水泥砂浆加胶水、石灰砂浆、石膏砂浆等，现场混合材料的质量稳定性无法控制，也不能与一些新型墙体材料很好地配合，现在的找平砂浆主要是成品的建筑用找平砂浆。

（1）墙面找平材料主要是建筑找平砂浆，根据材质不同有石膏基找平砂浆和水泥基找平砂浆。

现行行业标准《建筑用找平砂浆》（JC/T 2326）中对墙面找平砂浆按强度分为Ⅰ型和Ⅱ型，Ⅰ型用于轻质饰面层（如涂料、壁纸等）装饰前的找平，Ⅱ型用于饰面砖（板）装饰前的找平。两种类型找平砂浆的性能指标见表 2-15。

表 2-15　墙面找平砂浆的性能指标

序号	项　目		技术指标	
			Ⅰ型	Ⅱ型
1	稠度（mm）		供需双方商定	
2	可操作时间	60min 时稠度差（mm）	≤10	
3	施工性		不打卷、不脱落、不粘抹刀	
4	抗裂性		无裂纹	
5	拉伸粘结强度（MPa）		≥0.3	≥0.5
6	收缩性（mm/m）		≤3.0	
7	28d 抗折强度（MPa）		≥2.0	
8	28d 抗压强度（MPa）		≥6.0	

（2）地面找平砂浆是按抗压强度进行分级的，按 28d 抗压强度分为 C16、C20、C25、C30、C35 级，各等级的物理性能要求见表 2-16。

表 2-16　地面找平砂浆的物理性能要求

序号	项　目		技术要求				
			C16	C20	C25	C30	C35
1	初始流动度（mm）		≥200				
2	终凝时间（h）		≤8				
3	拉伸粘结强度（MPa）		≥0.8				
4	限制条件下的尺寸变化率（mm/m）		≤1.5				
5	抗折强度（MPa）	24h	≥2.0				
		28d	≥5.0				

续表

序号	项目		技术要求				
			C16	C20	C25	C30	C35
6	抗压强度（MPa）	24h	≥6.0				
		28d	≥16.0	≥20.0	≥25.0	≥30.0	≥35.0

使用普通的水泥砂浆找平具有材料和工法上的缺陷，首先是平整度控制不能做到最精确，施工痕迹明显；其次就是需要一定的找平材料厚度，否则难以保证质量。施工上的技术问题可能导致室内地面标高增高不少，使室内空间紧张。目前除了这种水泥砂浆找平的方式，还有新型地坪材料用于地面的找平，如自流平砂浆。

自流平砂浆地面找平于 2005 年开始出现在国内建筑地面行业。它采用了高聚合自流平水泥来进行地面处理，优点颇多，可以将地面最薄找平在 3mm，厚度可控性好、地面强度高、平整度远远高于水泥砂浆找平。其可以用来做家装地面找平，以及各类体育场馆地面处理，酒店、办公场所、精密电子车间等对地面要求高的找平。家庭装修铺装木地板前地面找平也适宜使用自流平砂浆。

自 2005 年自流平砂浆地面找平开始在全国普及使用以来，建筑地面找平也更新了参数标准（主要针对家装地面）：$2m^2$ 内落差≤3mm，地面合格；$2m^2$ 内落差＞3mm，地面不平；$2m^2$ 内落差≥5～10mm，严重不平。

在选用自流平砂浆时需要特别注意，市面上种类很多，按胶凝材料类型分为水泥基自流平砂浆和石膏基自流平砂浆。水泥基自流平砂浆按可应用部位分为垫层水泥基自流平砂浆和面层水泥基自流平砂浆，应根据需要选择合适的种类。石膏基自流平砂浆原则上不适合粘贴瓷砖，故这里不作描述。

使用水泥基自流平砂浆进行找平处理时，其性能指标应符合《地面用水泥基自流平砂浆》（JC/T 985—2017）中水泥基自流平砂浆的要求。水泥基自流平砂浆的物理性能指标见表 2-17。

表 2-17 水泥基自流平砂浆的物理性能指标

序号	项目		指标	
			面层	垫层
1	流动度（mm）	初始流动度	≥130	
		20min 流动度[a]	≥130	
2	拉伸粘结强度（MPa）		≥1.5	≥1.0
3	尺寸变化率（%）		−0.10～+0.10	−0.15～+0.15
4	抗冲击性		无开裂或脱离底板	
5	24h 抗压强度（MPa）		≥6.0	
6	24h 抗折强度（MPa）		≥2.0	
7	耐磨性（mm^3）		≤400	≤800[b]

[a] 用户若有此要求，由供需双方协商确定。

[b] 可选项目，由供需双方商定。

水泥基自流平砂浆的强度等级是按抗压强度与抗折强度来区分的，在产品标注上要求将抗折强度与抗压强度进行组合，其中抗折强度等级应符合表 2-18 中的要求，抗压强度等级应符合表 2-19 中的要求。

表 2-18 水泥基自流平砂浆的抗折强度等级要求

强度等级		F4	F6	F7	F8	F10
28d 抗折强度（MPa）	面层	—	6.0	7.0	8.0	10.0
	垫层	4.0	6.0	7.0	8.0	10.0

表 2-19 水泥基自流平砂浆的抗压强度等级要求

强度等级		C16	C20	C25	C30	C35	C40	C50
28d 抗压强度（MPa）	面层	—	—	25.0	30.0	35.0	40.0	50.0
	垫层	16.0	20.0	25.0	30.0	35.0	40.0	—

发泡找平材料是一种地面回填的水泥基材料，工作原理是：通过水泵气泵把压缩空气和发泡剂混合液通过起泡器混合形成的高密度气泡与水泥浆料和轻质填料进行混合，形成一种含有大量气泡的、有一定流动度的地面找平材料。其特点是施工速度快，对地面高差适应性好，具有高度的轻量性，密度可达 280kg/m^2，是普通水泥密度的 1/5～1/8，属于轻量产品，可减少建筑物的整体荷载；施工方便简单，容易操作，不受气候影响。因在水泥浆体内充满气泡，具有很好的隔声性，可用于室内地面的快速回填和找平。通常会在发泡水泥回填的部位上先施工一层 5～8mm 的自流平材料，形成一个保护层，再进行瓷砖镶贴作业。

2.6 防水材料

为了避免水对建筑物的危害，防水处理是每个建筑必须要做的工程。建筑防水就是在建筑外围护结构、地下室、需防水的室内和储水构筑物等部位采取防御措施，其中包括防水构造处理和防水材料的选择。

常用的防水方法有构造防水和材料防水两种。构造防水是利用构件自身的形状及相互搭接来达到防水的目的，主要用于构件自防水屋面、装配式建筑外墙板接缝等。材料防水则是利用材料的不透水性来覆盖和密闭构件及缝隙，常用于屋面、外墙、室内、地下室等处的防水。

防水材料的种类很多，按材料品种可分为：

（1）防水卷材：包括沥青防水卷材、高聚物改性沥青防水卷材、合成高分子防水卷材等。

（2）防水涂料：包括沥青基防水涂料、高聚物改性沥青防水涂料、合成高分子防水涂料、聚合物水泥基防水涂料等。

（3）密封防水材料：包括改性沥青密封材料、合成高分子密封材料等。

（4）防水混凝土：包括普通防水混凝土、补偿收缩防水混凝土、预应力防水混凝土、掺外加剂防水混凝土以及钢纤维或塑料纤维防水混凝土等。

（5）防水砂浆：包括水泥砂浆（刚性多层抹面）、掺外加剂水泥砂浆以及聚合物水泥砂浆等。

（6）其他：包括各类粉状憎水材料，如建筑憎水粉、复合建筑防水粉等；还有各类掺加防水渗透剂的防水材料。

建筑装修中，防水涂料、防水浆料和防水砂浆等冷涂型防水材料更适合使用，原因是室内穿墙管道、拐角比较多，室内的面积比较小，卷材类施工时不好铺贴，接缝难以处理，存在着比较大的渗漏隐患。

目前，市场上的防水涂料有两大类：一类是聚氨酯类防水涂料，但这类材料是非水性的，有挥发物问题；防水涂层固化后，后续施工的水泥基材料对防水涂层的结合力不好。聚氨酯类防水涂料在室内装修中的应用越来越少。另一类是聚合物水泥基防水涂料、防水浆料、防水砂浆。它们由多种水性聚合物合成的乳液与掺有各种添加剂的优质水泥组成，聚合物（树脂）的柔性与水泥的刚性结为一体，使得它们在抗渗性与稳定性方面表现优异。其优点是施工方便，综合造价低，工期短，且无毒环保。因此，聚合物水泥基防水材料已经成为室内防水市场的主角。

（1）聚合物水泥防水涂料：简称 JS 防水涂料，J 指聚合物，S 指水泥。聚合物水泥防水涂料是一种以聚丙烯酸酯乳液、乙烯-醋酸乙烯酯共聚乳液等聚合物乳液与各种添加剂组成的有机液料。

聚合物水泥防水涂料是和水泥、石英砂、轻重质碳酸钙等无机填料及各种添加剂所组成的无机粉料，通过合理配比、复合制成的一种双组分、水性建筑防水涂料。这种涂料由“聚合物乳液-水泥”双组分组成，因此具有“刚柔相济”的特性，既有聚合物涂膜的延伸性、防水性，也有水硬性胶凝材料强度高、易与潮湿基层粘结的优点。它是一种既具有合成高分子聚合物材料弹性高，又有无机材料耐久性好的防水材料。

聚合物水泥基防水涂料环保，无毒无害；不易燃，无腐蚀性；施工简单方便，粉料与液料按比例混合均匀，刷涂或滚涂均可；可以在潮湿的地方使用。分为Ⅰ型、Ⅱ型和Ⅲ型，分别用于不同要求的区域：Ⅰ型的断裂伸长率最好，多用于有潜在的变形、开裂趋势，对抗裂要求高的区域，如屋顶；Ⅱ型有一定的柔性，强度比Ⅰ型高，主要用于有一定柔性要求又要兼顾强度的部位，如室内卫生间的穿墙管道部位、经常遇到水的地面区域；Ⅲ型主要用于稳定区域的防水处理，如卫生间的墙面等。

综合来讲，聚合物水泥基防水涂料可用于地下室、屋面、厨卫间、游泳池、水池、空调板、阳台、地暖等部位防水、防潮。聚合物水泥基防水涂料的Ⅰ型、Ⅱ型和Ⅲ型力学性能指标见表 2-20。

表 2-20　聚合物水泥防水涂料性能指标

序号	测试指标			要求指标		
				Ⅰ型	Ⅱ型	Ⅲ型
1	固体含量（%）		≥	70	70	70
2	拉伸强度	无处理（MPa）	≥	1.2	1.8	1.8
		加热处理后保持率（%）	≥	80	80	80
		碱处理后保持率（%）	≥	60	70	70
		浸水处理后保持率（%）	≥	60	70	70
		紫外线处理后保持率（%）	≥	80	—	—

续表

序号	测试指标			要求指标		
				Ⅰ型	Ⅱ型	Ⅲ型
3	断裂伸长率	无处理（%）	≥	200	80	30
		加热处理（%）	≥	150	65	20
		碱处理（%）	≥	150	65	20
		浸水处理（%）	≥	150	65	20
		紫外线处理（%）	≥	150	—	—
4	低温柔性（ϕ10mm 棒）			−10℃无裂纹	—	—
5	粘结强度	无处理（MPa）	≥	0.5	0.7	1.0
		潮湿基层（MPa）	≥	0.5	0.7	1.0
		碱处理（MPa）	≥	0.5	0.7	1.0
		浸水处理（MPa）	≥	0.5	0.7	1.0
6	不透水性（0.3MPa，30min）			不透水	不透水	不透水
7	抗渗性（砂浆背水面）（MPa）		≥	—	0.6	0.8

（2）聚合物改性水泥基防水浆料：聚合物改性水泥基防水浆料是一种专用于建筑防水的双组分防水材料，由粉料部分和液料部分按一定比例配比组成。粉料由优质的水泥、砂及添加剂组成，而液料则由聚合物乳液及助剂融合而成。两组材料混合均匀后涂刷于水泥基面达到防水效果。

合格的防水浆料固化后会有一定的柔韧性和对水泥基基材有比较好的粘结力，以及较强的抗渗能力，在迎水面和背水面均具有比较出色的防水性能。其适用于房屋边角、地下室等部位的防潮，也适用于厨房、卫生间防水处理。采用毛刷刷涂或滚筒滚涂施工，施工方便快捷，防霉、抗碱、耐候、无毒、无害、无污染。

聚合物改性水泥基防水浆料按其物理性能指标分为Ⅰ型

（通用型）和Ⅱ型（柔韧型）。通用型防水材料的粘结力强，防水层上可直接铺贴瓷砖及上油漆，防水层耐磨度高。同时它具有一定的柔韧性，能够覆盖小裂缝，抵御轻微的振动变形；主要应用于家庭装修及室内防水，如厨房、厕所、阳台、地下车库的地面和墙面等。柔韧型防水浆料施工后形成一层坚韧的弹性防水膜，阻止了水的渗漏。柔韧型防水浆料保留良好的防水性能和粘结力的同时具有更佳的抗拉伸强度，可覆盖较宽的裂缝，抵御较大的振动变形；可应用于家庭装修防水、建筑屋面防水等，特别是用于管口防水时其优势更为明显。

聚合物改性水泥基防水浆料的性能指标见表2-21。

表2-21　聚合物改性水泥基防水浆料性能指标

序号	试验项目			技术指标	
				Ⅰ型	Ⅱ型
1	干燥时间*（h）	表干时间	≤	4	
		实干时间	≤	8	
2	抗渗压力（MPa）		≥	0.5	1.0
3	不透水性（0.3MPa，30min）			—	不透水
4	柔韧性	横向变形能力（mm）	≥	2.0	—
		弯折性		—	无裂纹
5	粘结强度（MPa）	无处理	≥	0.7	
		潮湿基层	≥	0.7	
		碱处理	≥	0.7	
		浸水处理	≥	0.7	
6	抗压强度（MPa）		≥	12.0	—
7	抗折强度（MPa）		≥	4.0	—
8	耐碱性			无开裂、剥落	
9	耐热性			无开裂、剥落	

续表

序号	试验项目	技术指标	
		Ⅰ型	Ⅱ型
10	抗冻性	无开裂、剥落	
11	收缩率（%） ≤	0.3	—

* 干燥时间项目可根据用户需求及季节变化进行调整。

（3）聚合物水泥防水砂浆：聚合物水泥防水砂浆是水泥、聚合物分散体作为胶凝材料与砂配制而成的砂浆。聚合物水泥砂浆硬化后，砂浆中的聚合物可有效地封闭连通的孔隙，增加砂浆的密实性及抗裂性，从而可以改善砂浆的抗渗性及抗冲击性。聚合物水泥防水砂浆是一种刚性防水材料，通过提高砂浆的密实性及改进抗裂性以达到防水抗渗的目的。其主要用于不会因结构沉降，温度、湿度变化以及受振动等产生有害裂缝的防水工程。

聚合物水泥防水砂浆适用于建筑外墙的防水、防渗工程，地下（如桩头、车库、隧道等）防水工程。采用抹刀批抹施工。

聚合物水泥防水砂浆的性能指标见表 2-22。

表 2-22　聚合物水泥防水砂浆性能指标

序号	测试项目			技术指标	
				Ⅰ型	Ⅱ型
1	凝结时间[a]	初凝（min） ≥		45	
		终凝（h） ≤		24	
2	抗渗压力[b]	涂层试件	7d ≥	0.4	0.5
		砂浆试件	7d ≥	0.8	1.0
			28d ≥	1.5	1.5
3	抗压强度（MPa） ≥			18.0	24.0
4	抗折强度（MPa） ≥			6.0	8.0

续表

序号	测试项目			技术指标	
				Ⅰ型	Ⅱ型
5	柔韧性（横向变形能力）(mm)		≥	1.0	
6	粘结强度（MPa）	7d	≥	0.8	1.0
		28d	≥	1.0	1.2
7	耐碱性			无开裂、剥落	
8	耐热性			无开裂、剥落	
9	抗冻性			无开裂、剥落	
10	收缩率（%）		≤	0.30	0.15
11	吸水率（%）		≤	6.0	4.0

[a] 凝结时间可根据用户需要及季节变化进行调整。

[b] 当产品使用的厚度不大于5mm时测定涂层试件的抗渗压力；当产品使用的厚度大于5mm时测定砂浆试件的抗渗压力。亦可根据产品用途，选择测定涂层或砂浆试件的抗渗压力。

（4）用于陶瓷砖粘结层下的防水涂膜：防水涂膜是指粘贴陶瓷砖前，涂刷于基层上的液态防水材料所形成的均匀防水层。防水层可以包括增强用无纺布或网格布。

防水涂膜按组成分为三类，用英文字母表示：

——聚合物改性水泥基防水涂膜，代号为CM；

——乳液型防水涂膜，代号为DM；

——反应型树脂防水涂膜，代号为RM。

《用于陶瓷砖粘结层下的防水涂膜》（JC/T 2415—2017）中有一个其他标准未提及的测试项目：桥接裂缝能力。同时，根据涂膜在不同低温条件下保持桥接裂缝能力的程度分为几种类型，如：在低温－5℃下具有桥接裂缝能力；在极低温－20℃下具有桥接裂缝能力。并据此对防水涂膜进行了详细分类，如表2-23所示。

表 2-23 防水涂膜的分类和代号

代号 分类	代号 可选性能	防水涂膜的类型
CM		普通聚合物改性水泥基防水涂膜
DM		普通乳液型防水涂膜
RM		普通反应型树脂防水涂膜
CM	01	低温（−5℃）桥接裂缝能力的聚合物改性水泥基防水涂膜
CM	02	极低温（−20℃）桥接裂缝能力的聚合物改性水泥基防水涂膜
DM	01	低温（−5℃）桥接裂缝能力的乳液型防水涂膜
DM	02	极低温（−20℃）桥接裂缝能力的乳液型防水涂膜
RM	01	低温（−5℃）桥接裂缝能力的反应型树脂防水涂膜
RM	02	极低温（−20℃）桥接裂缝能力的反应型树脂防水涂膜
CM	P	抵抗含氯水侵蚀的聚合物改性水泥基防水涂膜
DM	P	抵抗含氯水侵蚀的乳液型防水涂膜
RM	P	抵抗含氯水侵蚀的反应型树脂防水涂膜
CM	01P	低温（−5℃）桥接裂缝能力并能抵抗含氯水侵蚀的聚合物改性水泥基防水涂膜
CM	02P	极低温（−20℃）桥接裂缝能力并能抵抗含氯水侵蚀的聚合物改性水泥基防水涂膜
DM	01P	低温（−5℃）桥接裂缝能力并能抵抗含氯水侵蚀的乳液型防水涂膜
DM	02P	极低温（−20℃）桥接裂缝能力并能抵抗含氯水侵蚀的乳液型防水涂膜
RM	01P	低温（−5℃）桥接裂缝能力并能抵抗含氯水侵蚀的反应型树脂防水涂膜
RM	02P	极低温（−20℃）桥接裂缝能力并能抵抗含氯水侵蚀的反应型树脂防水涂膜

用于陶瓷砖粘结层下的防水涂膜的基本性能指标如表 2-24 所示。

表 2-24　陶瓷砖粘结层下的防水涂膜的基本性能指标

序号	试验项目		指　标
1	拉伸粘结强度（MPa）	标准试验条件　≥	0.5
2		浸水　≥	
3		热老化　≥	
4		冻融循环　≥	
5		碱处理　≥	
6	抗渗性	0.6MPa，24h	不渗透
7	桥接裂缝能力（mm）	标准试验条件	≥0.75

用于陶瓷砖粘结层下的防水涂膜更多地强调柔性配合基面的形变，这个标准采标率还不高，还需要使用者更多地理解柔性对于瓷砖粘贴系统的重要性。

防水材料的种类众多，如何选择合适的材料对于工程的施工质量有重要影响，一些常规的区域，如有防水要求的厕浴间、厨房等室内小区域复杂部位楼地面防水，宜选用防水涂料或刚性防水材料做迎水面防水，也可选用柔性较好且易于与基层粘贴牢固的防水卷材。墙面防水层宜选用刚性防水材料或经表面处理后与粉刷层有较好结合性的其他防水材料。顶面防水层应选用刚性防水材料做防水层。厕浴间、厨房有较高防水要求时，应做两道防水层，防水材料复合使用时应考虑其相容性。

2.7 密封材料

陶瓷饰面系统在其特定的服务环境中，特别是在其各种内部载荷的作用下都会产生内应力。因此，陶瓷饰面系统必须设置各种类型的伸缩缝放散这些应力，以保证系统的耐久性。

一般现场组合的伸缩缝主要由背衬条（或防粘带）和密封材料构成。其中，背衬条的功能是保证密封胶的深度均匀和确定密封胶背面的形状，其性能要求足够柔软，从而在被陶瓷砖挤压时不会在垂直方向将密封胶挤出。另外，背衬条的表面应经过处理，不与密封胶产生粘结。当伸缩缝深度不够时可以用防粘带替代背衬条。这是一种自粘的塑料条，其表面也不应与密封胶产生粘结。

建筑密封胶在一般建筑工程中的作用是连接相邻构件，并赋予接缝不透水性和气密性。它们在陶瓷饰面系统中所需的性能主要分为三个方面：

（1）施工性能：在坡/立面使用时的（抗）下垂度；灌注型还需要考虑在地面使用时的自流平能力。

（2）机械性能：为了能够连接相邻构件，密封胶与两边的构件都要有很好的粘结强度。足够的伸缩性使两边的构件能够通过各自的位移放散应力。由于伞尖、高跟鞋等可能在密封胶上形成集中力，在地面上使用的密封胶宜有 HA60 度以上的邵氏硬度。

（3）耐久性能：在反复的冷热交替变化中和室外长期日照雨淋下，应能够保持适应工况的伸缩性（位移能力）和与基面的牢固粘结。

密封材料按化学组成分为硅酮和改性硅酮建筑密封胶（GB/T 14683—2017）、聚氨酯建筑密封胶（JC/T 482—2003）、丙烯酸酯建筑密封胶（JC/T 484—2006）等多种。它们在不同的服务环境下适用于陶瓷饰面系统。表 2-25 中列出了它们的部分性能指标。

表 2-25 建筑密封胶的性能指标

性　能	硅酮和改性硅酮建筑密封胶	聚氨酯建筑密封胶	丙烯酸酯建筑密封胶
下垂度（mm）	≤3	≤3	≤3
表干时间（h）	≤3	≤24	≤1
挤出性（mL/min）	≥50	≥80	≥100
弹性回复率（%）	≥80	≥70	≥40
定伸粘结性	无破坏	无破坏	无破坏
浸水后定伸粘结性	无破坏	无破坏	无破坏
紫外线辐照后定伸粘结性	无破坏	—	—
冷拉-热压后粘结性	无破坏	无破坏	无破坏
质量损失率（%）	≤8	≤7	—
体积变化率（%）	—	—	≤30

密封材料：背衬条。

背衬材料主要用于控制密封膏嵌入深度以确保两面粘结，同时使密封材料与底部基层脱开，从而使密封材料有较大的自由伸缩，提高变形能力。一般设置在接缝的底部，应选择与密封材料不粘结或粘结性能差的材料，如聚乙烯闭孔泡沫体、沥青麻丝等。

背衬材料嵌填时，先将背衬材料加工成与接缝宽度和深度相符合的形状（或选购多种规格的背衬材料），再将其压入接缝里。嵌填要密实，表面应平整，不留任何空隙。圆形的背衬材料其直径应大于接缝宽度 1～2mm；方形背衬材料应与接缝宽度相同或略小于接缝宽度 1～2mm；若接缝较浅，为最小深度时，则可选用扁平的隔离垫层隔离；对于具有一定错动的三角形接缝，应在三角形转角处粘贴密封背衬材料。如图 2-3 所示。

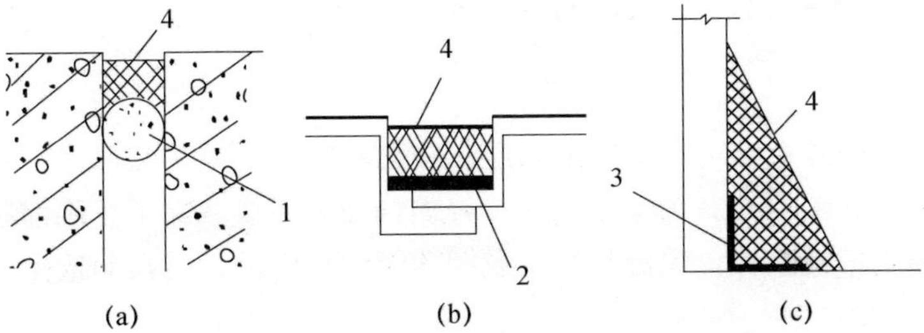

图 2-3 背衬材料的嵌填

（a）圆形背衬材料；（b）扁平隔离垫层；（c）三角形接缝 L 形隔离条

1—圆形背衬材料；2—扁平隔离条；3—L 形隔离条；4—密封材料

3 设计与选用

瓷砖粘贴工程至少由基层、胶粘材料、陶瓷砖和填缝材料组成（图 3-1）。为了得到一个好的饰面砖系统，除了正确铺装和质量检验外，关键是要从系统功能的角度进行材料的选择。

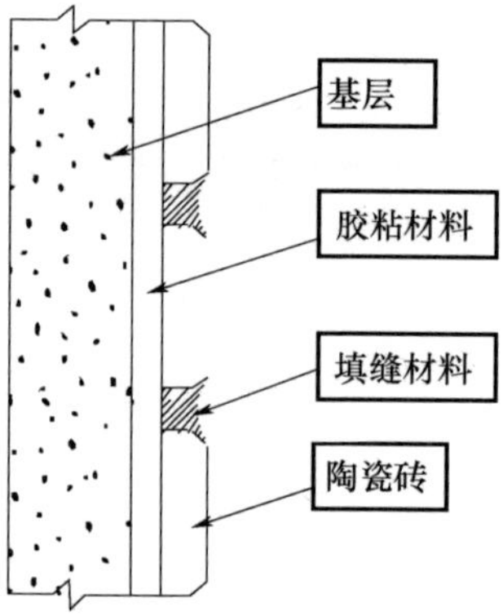

图 3-1　瓷砖粘贴工程组成

虽然瓷砖粘贴工程相关的材料通常是由设计师来设定的，但是房地产开发商、工程承包商和工程监理也应尽量理解这些材料的性能，以及它们在饰面系统中应起到的作用。在具体工程项目中无论由哪一方主持材料的采购，均应从系统的功能、耐久性和工程造价等各方面综合考虑，特别是应保证胶粘材料对确定的陶瓷砖和承载基面都具有需要的相容性。

3.1 基层种类和服务环境的确定

陶瓷墙地砖粘贴系统十分复杂，首先是所涉及的基层种类众多，如图 3-2 所示。

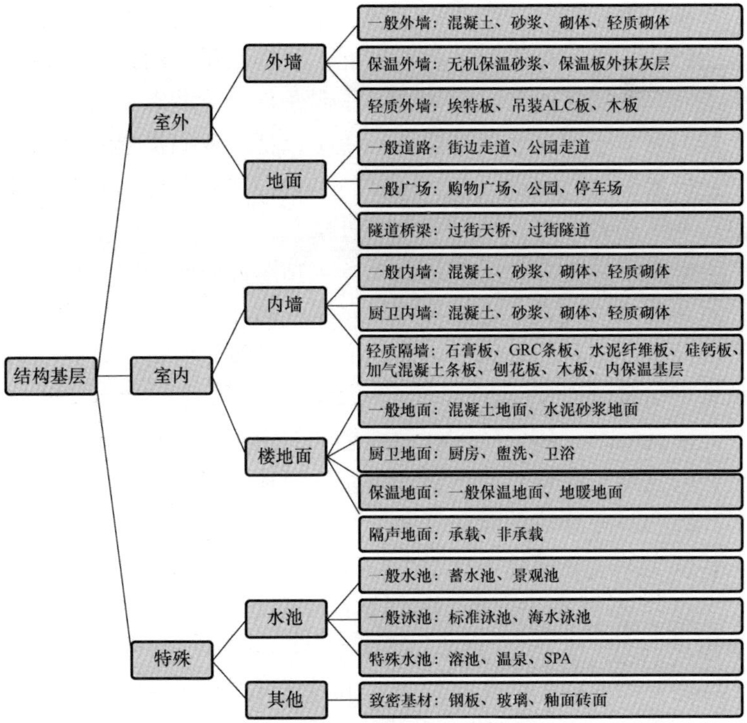

图 3-2 陶瓷墙地砖粘贴系统的基层和环境

在传统的建筑中，混凝土和砖石材料是最常见的基层，在这些传统基层上设计陶瓷砖饰面系统是有足够的经验可借鉴的。但是，随着建筑材料的革新和进步，设计师们需要在层出不穷的新基层上考虑如何铺设陶瓷砖。

例如，为了建筑节能和减轻自重，设计中越来越多地使用轻质隔墙板系统，如玻璃纤维石膏板、硅钙植物纤维板、膨胀珍珠岩板、菱镁复合板，不一而足。它们的吸水率、收缩率和表面处理都对陶瓷砖饰面系统的设计有着直接的影响。再如，在各种地暖系统上铺设陶瓷砖的施工细节管理也需格外讲究。

在一种服务环境中可以美观、耐久的陶瓷砖饰面系统不一定能够适应另一种服务环境。因此，从饰面系统的设计开始就应该认真确定室内外、墙地面、干湿条件、荷载水平及种类等关键因素。下面这些典型服务环境可以帮助我们扩展考虑的范围：民居的客厅地面、公司会议室的轻质隔墙面、室外游泳池、地铁站台，以及高层建筑物外墙。

毋庸置疑，在外墙外保温系统上粘贴饰面砖不仅需要考虑基面和基体的种类，也要格外注意服务的环境。其挑战性与偶然事件引起的负面影响足以让我们理解各级政府对其设置的各种管理与限制。

幸运的是，陶瓷砖饰面系统悠久的使用历史和建筑材料的现代研究与发展可以帮助我们思路清晰地应对上面所提及的基层种类和服务环境的错综复杂的组合。真正需要明确的是基体在其特定的服务环境中所承受的载荷种类，包括：

（1）外部载荷：行人、轻车、重车、冲击力、持续振动等。

（2）单向内部载荷：特别是水泥基材料的收缩、陶瓷砖微弱的膨胀等。

（3）循环内部载荷：外部影响造成的湿胀干缩、日间和季节导致的热胀冷缩等。

当然还需要清楚这些载荷的分布状况，以便确定是否只需局部的应对。表 3-1 中对陶瓷墙地砖粘贴常见的基层种类和要求作了归纳。

表 3-1 陶瓷墙地砖粘贴基层

基层种类	基层的要求
地面	
钢筋混凝土地面	·一般要求找平层； ·根据基体在外部载荷作用下产生变形的程度，找平层分为粘结在混凝土面上的复合式和与基面隔开的浮动式
找平层	·当需要承受（除低密度人行以外的）外部载荷时，推荐在普通水泥砂浆中加入丙烯酸或丁苯橡胶乳液，以提高整体性能； ·使用普通水泥砂浆时，复合式找平层的厚度应为 40mm 左右，并在任何一点上都不薄于 25mm，找平层与基层间推荐使用界面剂； ·使用普通水泥砂浆时，浮动式找平层的厚度应为 75mm 左右，并在任何一点上都不薄于 50mm； ·预埋的管线和管道的高度均不得计算在找平层的厚度中； ·普通水泥砂浆一般应用防锈钢筋网或耐碱玻纤网增强； ·使用特种找平砂浆产品时，应遵照生产商的推荐方法和厚度
旧陶瓷砖面	·铲除不牢固部分，并用专用修补砂浆补平； ·彻底清除灰尘、油渍等污染物； ·用专用材料做界面处理
墙体面	
钢筋混凝土墙体	·如果墙面的平整度和垂直度都能满足规定的要求，可以铺设陶瓷砖；否则，需要抹灰层； ·使用普通水泥砂浆抹灰前，推荐使用加入丙烯酸或丁苯橡胶乳液增强的界面砂浆拉毛；拉毛界面砂浆需完全凝结后方可抹灰
抹灰层	·当需要承受冲击力和振动等外部载荷时，推荐在普通水泥砂浆中加入丙烯酸或丁苯橡胶乳液，以提高整体性能； ·使用普通水泥砂浆时，抹灰层的厚度不应大于 20mm，否则应用防锈钢筋网或耐碱玻纤网增强； ·使用特种抹灰砂浆产品时，应遵照生产商的推荐方法和厚度

续表

基层种类	基层的要求
加气混凝土砌块墙体	·如果墙面的平整度和垂直度都能满足规定的要求，可以铺设陶瓷砖；否则，需要抹灰层； ·如对砌块表面粘结性有疑义，应向砌块制造商咨询
轻质隔墙系统	·确认轻质隔墙系统严格符合制造商的设计和安装方法； ·必须向隔墙生产商咨询适用的胶粘剂类型。必要时应通过试验验证

3.2 陶瓷砖的选择和铺设式样

我国的陶瓷砖不但已在产量上领先国际市场，现行的产品标准《陶瓷砖》（GB/T 4100）也在国际标准 ISO 13006：1998《陶瓷砖——定义、分类、性能和标记》的基础上增加了对大规格产品尺寸（≥410cm^2）的一些规定，引领了国际陶瓷砖发展潮流。

3.2.1 陶瓷砖的选择

根据国家标准《陶瓷砖》（GB/T 4100—2015），我国陶瓷砖是按砖的成型方法和吸水率进行分类的，见表 2-1。

由于本教材的编写目的侧重于为陶瓷砖饰面系统的施工管理和使用耐久性提供指南，所以不介绍建筑美学的内容。在侧重的范围内，选择瓷砖时应注意以下几点：

尺寸和表面观感方面，产品性能要求：长度、宽度、厚度、直边度、直角度、表面平整度。

（1）应特别注意陶瓷砖的“工作尺寸”和“允许偏差”对设计缝宽的影响，要留有适当余地。

（2）陶瓷砖的表面纹饰、色彩很重要，其长度和宽度的搭配也制约着墙、地砖的对缝和其他拼花图案的美观效果。

对产品物理性能的要求：吸水率、破坏强度、断裂模数、无釉砖耐磨深度、有釉砖表面耐磨性、线性热膨胀、抗热震性、有釉砖抗釉裂性、抗冻性、摩擦系数、湿膨胀、小色差、抗冲击性、抛光砖光泽度。

（1）应注意地面砖干、湿“摩擦系数”对行走安全的影响，尤其是在公共场所的设计中考虑业主对大众安全的责任。

（2）应注意“吸水率”低的陶瓷砖对粘结力有较高要求；对低吸水率（Ⅰ类，$E \leqslant 3\%$）的砖，在选择胶粘剂时应尽量考虑C2级，以保证粘结强度。

（3）应注意“热膨胀”和“湿膨胀”对砖间缝和伸缩缝设计的影响。

（4）应结合3.1节中描述的载荷种类，选择具有足够物理性能的陶瓷砖，如“耐磨性”“抗釉裂性”“抗热震性”“抗冲击性”和“抗冻性”。

对产品化学性能的要求：耐污染性、耐酸碱化学腐蚀性、耐家庭化学试剂和游泳池盐类化学腐蚀性、有釉砖铅和镉的溶出量。

（1）应注意“耐污染性”和“铅、镉溶出量”对医院、食品厂、饮料厂、儿童校所的安全卫生所产生的影响。

（2）应注意“耐腐蚀性”对有腐蚀品操作的企业和场所的重要性。其中不仅包括被腐蚀后影响美观的考虑，也有被腐蚀面的开孔结构藏污纳垢后的清理困难。

在厨卫间，选砖时要注意：

（1）厨房墙面：宜选用有光釉面砖，这种釉面光亮平滑、不吸水、抗污、易于清洁。

（2）厨房地面：宜选用亚光釉面砖或通体砖，主要考虑防滑、耐磨、不吸水、抗污、易于清洁。

（3）卫生间墙面：宜选用釉面砖或马赛克，装饰效果好，抗污、易于清洁。

（4）卫生间地面：宜选用亚光釉面砖，或通体砖，或马赛克，主要考虑防滑、吸水率低、抗污、易于清洁。

一般外墙砖饰面工程选砖也要遵守相关规定：

（1）吸水率：在Ⅰ、Ⅵ、Ⅶ区，吸水率不应大于3%；在Ⅱ、Ⅲ、Ⅳ、Ⅴ区，吸水率不应大于6%。

（2）抗冻性：在Ⅰ、Ⅵ、Ⅶ区，冻融循环满足50次；在Ⅱ区，冻融循环满足40次。

（3）砖背面：宜选取砖背面带有燕尾槽的产品。

除此之外，尚需符合一些地方规范，比如江苏省禁止在外墙粘贴马赛克等。

3.2.2 陶瓷砖的铺设式样

设计师应该明确陶瓷砖在每个具体部位的基本铺设式样，特别是砖间缝宽度的确定和墙地砖缝之间的对接。

陶瓷砖间缝的确定需要考虑下面几个因素：①陶瓷砖的工艺允许偏差；②陶瓷砖的艺术造型；③填缝剂类型的选用。

例如，BⅠa类陶瓷砖的平均尺寸相对于工作尺寸的允许偏差为±1.0mm。如果将此类陶瓷砖间缝设计为1mm就是一个不大可能实现的目标；即使设计为1.5mm也需要镶贴工努力地挑选能够相互配合的瓷砖（图3-3和图3-4）。

图3-3　墙地砖缝对接范例

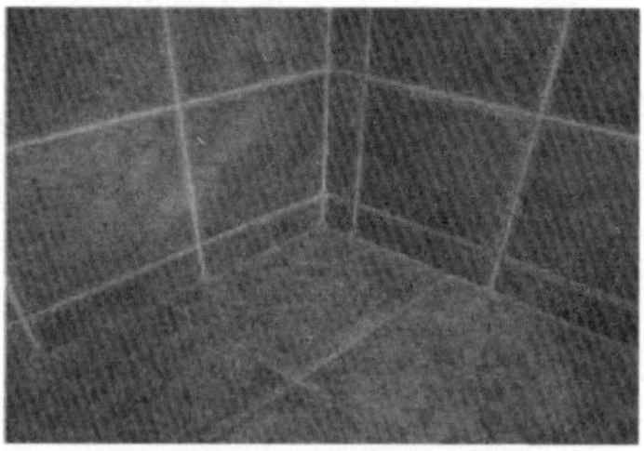

图3-4　墙地砖缝对接反例

有的陶瓷砖具有凸纹和曲线的边角，其间更需要较宽的砖缝；否则就会出现图 3-5 中的结果，影响美观。

设计较窄的砖缝需要配以骨料细且工作性好的填缝剂。否则，没有充分填充的砖缝很快就将变成藏污纳垢的沟壑，如图 3-6所示，不仅有碍美观，更会影响卫生。无论如何，陶瓷砖的无缝对接是绝对不允许的。

图 3-5 曲边对缝宽的影响

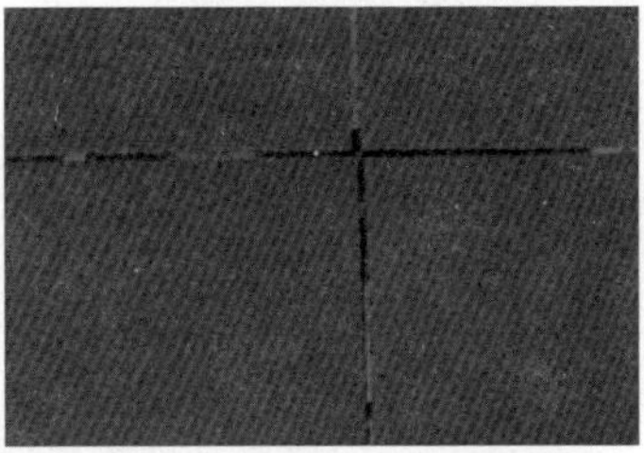

图 3-6 未充分填充的砖缝

综合考虑以上因素以及饰面的服务工况，外墙饰面砖之间若不留接缝或留缝过小，受到阳光照射的外墙饰面砖膨胀没有缓冲余地，会出现外墙饰面砖顶起导致脱落。外墙饰面砖接缝过小时，填缝料不能密实地填充封闭，雨水从开口接缝进入导致渗漏和破坏粘结层。本教材建议包括阳角在内的外墙饰面砖接缝宽度不得小于 5mm，这不仅便于填缝密封，还能增加外墙饰面砖的粘结面积，有利于保证工程质量。室内环境条件相对稳定，但墙体和陶瓷饰面砖仍然有一定的变形胀缩量，为了防止饰面砖顶起导致脱落，室内陶瓷饰面砖接缝的宽度不应小于 1.5mm；对于地暖地面和陶瓷饰面砖边长大于 800mm 时，潜在的变形量大于普通地面及小尺寸陶瓷饰面砖，接缝宽度不宜小于 3mm。

饰面砖粘贴时设置伸缩缝可防止墙体结构变形及外墙饰面砖本身温度变形导致的开裂和脱落。根据国内外调研结果，确定室外墙面和地面陶瓷饰面砖伸缩缝间距不宜大于 6m，伸缩缝的宽度宜为 20mm，也可根据各地区的气候条件确定伸缩缝尺寸。室内墙面和地面陶瓷饰面砖粘贴宜设置伸缩缝，在墙地面汇合的阴角部位，不同材料交接的部位建议设置伸缩缝。室内环境温度相对稳定，根据国内外调研结果，确定出“室内伸缩缝间距不宜大于 8m，伸缩缝宽度宜为 5～10mm”的规定。设计者还需根据具体情况进行调整。例如，从对接的需要考虑统一墙、地砖的间缝。

3.3 瓷砖胶的选择

最常用的瓷砖粘贴材料是水泥基瓷砖胶，它由水泥、级配填料（有特定级配的砂）、特殊添加剂等材料组成，具有很好的保水性、合适的凝结时间和抗滑移能力。

《陶瓷砖胶粘剂》（JC/T 547—2017）标准要求的施工性能至少包括晾置时间和抗滑移性；要求的使用性能包括拉伸粘结强度（水泥基）或压缩剪切粘结原强度（膏状乳液或反应型树脂胶粘剂）、横向变形能力。该标准根据 3 类化学组成和 5 级性能要求将胶粘剂分为 19 个型号，表 2-3 中对这些类别给出了细致说明。

值得注意的是，由于配方设计师的能力和胶粘剂厂商的市场战略有差异，市场上属于同型号的胶粘剂产品在具体性能上可能会有相当大的差别。

由于胶粘剂的功能是将特定的陶瓷砖牢固、耐久地粘贴到既定的基面上，所以胶粘剂的选择也必然取决于这两种被粘结的材料的组合，以及这个粘结系统在其特定的服务环境中所承受的载荷种类。所幸的是，我国的 JC/T 547—2017（即国际标准 ISO 13007：2004 的第 1、2 部分）中陶瓷砖胶粘剂的 19 个型号即为全世界同行对这些错综复杂的组合工况的对策共识。

结合现行标准，本教材对不同区域粘贴不同类型瓷砖的粘结剂类型作了一个总结，表 3-2～表 3-5 是在不同使用环境下不同基面上粘贴饰面砖时粘结材料的建议。

表 3-2 外墙陶瓷饰面砖粘结材料

基体种类	陶瓷饰面砖种类		
	陶瓷马赛克	瓷质砖	非瓷质砖
混凝土墙、砌体墙	C2T	C2T	C1T
外保温墙	C2TS1	C2TS1	C2TS1

表 3-3 内墙陶瓷饰面砖粘结材料

基体种类	陶瓷饰面砖种类				
	陶瓷马赛克	瓷质砖		非瓷质砖	
		边长≤600mm	边长>600mm	边长≤600mm	边长>600mm
混凝土墙、砌体	C1T	C2T	C2TS1	C1T	C1T
轻质板材	C1T	C2TS1	—	C2TS1	—
骨架石膏板、水泥板	C1T	C2TS1	—	C2TS1	—
骨架胶合板、刨花板	C2TS1P1	C2TS1P1	—	C2TS1P1	—
金属板面	R1	R1	—	R1	—

表 3-4 地面陶瓷饰面砖粘结材料

基层种类	陶瓷饰面砖种类				
	陶瓷马赛克	瓷质砖		非瓷质砖	
		边长≤600mm	边长>600mm	边长≤600mm	边长>600mm
水泥砂浆	C2	C1	C1	C1	C1
自流平砂浆	C2	C1	C1	C1	C1
金属板面	R1	R1	—	R1	—
地暖地面	C2S1	C2S1	—	C2S1	—

表 3-5　游泳池陶瓷饰面砖粘结材料

基层种类	陶瓷饰面砖种类	
	陶瓷马赛克	瓷质砖
水泥砂浆立面	C2T	C2T
水泥砂浆平面	C2	C2

一些特殊区域除了要考虑上述的使用环境和适配要求外，还要考虑应用区域的特殊性，如：电梯间墙面等长期振动部位的陶瓷饰面砖，宜选用 C2TS1 等级的粘结材料；酸碱腐蚀环境中宜选择环氧树脂类粘结材料；要求粘结材料快速提高粘结强度时，宜选择快凝型粘结材料；水分挥发过快的环境，宜选用加长晾置时间的粘结材料；需要快速恢复使用的区域，需要使用快硬早强的粘结材料。

合格胶粘剂的厚度原则上可以很薄，但是在实际应用中往往取决于基层和陶瓷砖的平整性，以及陶瓷砖的尺寸。一般要求基层的平整性用 2m 直尺测量公差不超过 3mm；瓷砖的厚度变化也应该在 10%以内。这样，胶粘剂的厚度一般可以在 2～6mm 之间。例如，2mm 厚的胶粘剂足以粘贴 50mm×50mm 的马赛克。但是，如果以 AⅠ类精细挤压陶瓷砖为例，其表面平整度在 GB/T 4100—2015 中的最大允许制造偏差为 0.8%。那么，一个 800mm×800mm 的方砖允许从基准平面偏差出 9mm，所以设计 10mm 的胶粘剂厚度也完全不保守。

3.4　填缝剂的选择

有的不合格材料（如素水泥浆）可能不难填充砖缝，但其体积收缩却会造成严重的不美观和不卫生。

填缝剂被分为水泥基（CG）和反应型树脂（RG）两大类。它们有着适宜的细度和稠度，以致与设计出来的接缝宽度有着兼容性，因此填缝剂能够成功地填满接缝。

《陶瓷砖填缝剂》(JC/T 1004—2017) 标准要求的施工性能至少包括可操作时间和清洁时间；要求的使用性能包括抗折强度、抗压强度、耐磨性、吸水率、收缩率、横向变形能力和抗化学腐蚀性（反应型树脂填缝剂）。值得一提的是，标准要求陶瓷砖填缝剂的性能与要求陶瓷砖胶粘剂的性能完全不同，所以一般的陶瓷砖胶粘剂是不适合作填缝剂的；反之亦然。

该标准根据两类化学组成和5级性能要求将填缝剂分为9个型号，表2-10中对这些类别给出了细致说明。

填缝剂的基本功能是将陶瓷砖之间的缝隙充分填实，所以在选择填缝剂时特别要考虑设计的缝宽：越窄的缝对填缝剂的和易性要求越高，越宽的缝对填缝剂的收缩量限制越严。填缝剂的选择也必然取决于陶瓷砖系统其特定的服务工况和所需承受的载荷种类。

我国的JC/T 1004—2017（即国际标准ISO 13007：2004的第3、4部分）中填缝剂的9个型号，以及横向变形能力可应对各种复杂的组合工况。表3-6中对常见的工况作了推荐建议。

表3-6 常见工况填缝剂使用建议

组合工况	填缝剂型号
室内刚性（如钢筋混凝土）墙面上的陶瓷砖间缝	CG1
室内刚性（如钢筋混凝土）地面上的陶瓷砖间缝	CG2W
地铁站、购物中心大厅、机场餐厅快速翻修地面陶瓷砖间缝	CG2WAF
室内轻质隔墙板上陶瓷砖间缝	CG2S2
医院、食品厂、饮料厂、儿童校所的墙、地面陶瓷砖间缝	GR1

3.5 伸缩缝的设定和密封材料的选择

陶瓷砖饰面系统在其特定的服务环境中，特别是在其各种内部载荷（例如水泥基材料的收缩和陶瓷砖微弱的膨胀所导致的单向内部载荷，外部影响造成的湿胀干缩和日间、季节导致的热胀冷缩所构成的循环内部载荷）的作用下都会产生内应力。这些积蓄起来的内应力如果没有放散的渠道，最后都可能超过系统的自身强度，导致起拱、脱落、开裂等形式的破坏。

因此，陶瓷砖饰面系统的设计必须提供放散内应力的方式和渠道，即设置各种类型的伸缩缝。根据具体情况，这些伸缩缝有时还需要深入到陶瓷砖和胶粘剂以下的层中。

3.5.1 伸缩缝的设定

设计师有责任详细设计，并在图纸上标出伸缩缝的位置和细节。伸缩缝的设计一般有以下 5 种形式：

（1）结构缝：大型结构都设有结构缝，而且此处的位移往往是相当可观的。结构缝一般应该按原有的宽度和走向延伸到陶瓷砖饰面系统中。如果结构缝与陶瓷砖缝的走向不一致，应请设计师提供方案，施工方不得自行其是。

（2）周边缝：陶瓷砖饰面系统与阻碍物（如墙、柱、管、坎、天花板等）相交处应设置伸缩缝以允许应力释放。面积在 $10m^2$ 以下的（如小储藏室）可以不设周边缝。

（3）应力放散区缝：在基面显著改变方向的部位（如墙外角、游泳池底变坡处）附近必须设置伸缩缝，以避免应力在方向改变线上集中释放，造成大位移。此类伸缩缝一般平行于方向改变线 0.5～1m。

（4）材料变化区缝：基体材料显著变化部位（如黏土空心砖和混凝土剪切墙）两边对内部载荷的反应不一，会有相对变形。

（5）分割缝：大型陶瓷砖饰面系统必须用伸缩缝分割成可以控制应力水平的区间。分割区块的面积一般室内掌握在 $50m^2$ 左右，室外控制在 $25m^2$ 上下；但注意区块的长宽比不宜超过 2。

除结构缝以外，伸缩缝的缝宽一般室内在 5mm 左右，室外应在 12mm 左右。这些伸缩缝的设置有以下几种途径：

（1）结构缝在基体中已存在的确定位置，陶瓷砖层的铺设在此应该中断，留出缝隙。

（2）分割缝和砂浆层的冷缝可在基面找平层、抹灰层养护期间用机械盘锯切槽设定位置，在陶瓷砖铺设中留出缝隙。

（3）其他伸缩缝一般只需在陶瓷砖铺设中遵照要求的位置和宽度留出缝隙。

（4）有的伸缩缝是预制的（图 3-7），在铺设找平层或铺设陶瓷砖时将它们安置进去。

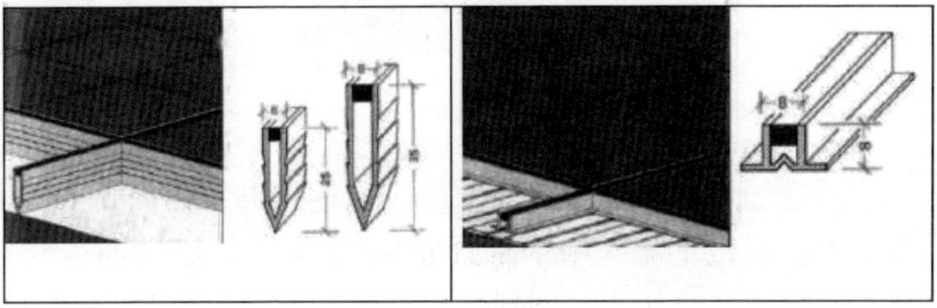

图 3-7 预制找平层＋粘结层伸缩缝

3.5.2 密封材料的选择

伸缩缝的密封材料必须保证长期使用期间的应力放散功能和陶瓷砖饰面层的整体美观，所以它们的选材应是严格并有据可依的。

（1）选择预制伸缩缝应该遵照生产商的设计说明。

（2）现场组合的伸缩缝主要由背衬条（或分离带）和嵌缝膏构成。

（3）背衬条要求足够柔软，从而被压缩时不应在垂直方向发生显著膨胀。另外，背衬条的表面应经过处理，与嵌缝膏不产生粘结（图 3-8）。

（4）分离带是一种自粘的塑料条，用途是在伸缩缝深度不够时替代背衬条。因此，分离带的表面也应与嵌缝膏产生粘结。

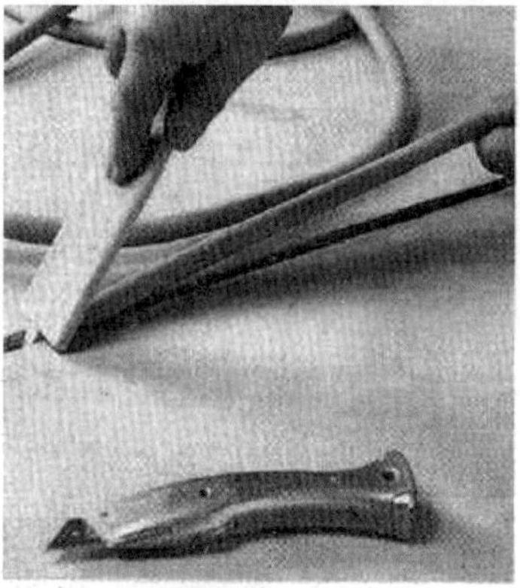

图 3-8　背衬条

（5）嵌缝膏要求的施工性能至少包括挤出率、自流平（用于水平面）或抗垂流（用于垂直面）；要求的使用性能主要包括粘结性、名义拉压率、耐候性、使用在繁忙地面时需要的硬度，以及承载重型动载地面时需要的表面抗黏性。选择中也应注意嵌缝膏中的柔软剂是否有可能析出污染陶瓷砖饰面。如需油漆着色也应在选择时指明。

我国建筑密封胶的种类很多，其中硅酮和改性硅酮建筑密封胶（GB/T 14683—2017）、聚氨酯建筑密封胶（JC/T 482—2003）、丙烯酸酯建筑密封胶（JC/T 484—2006）可选择，来应对陶瓷饰面系统各种复杂的组合工况。表 3-7 中列出了几种组合工况下建筑密封胶的典型选择。

表 3-7　几种组合工况中建筑密封胶的典型选择

组合工况	典型种类
建筑外墙上的伸缩缝（图 3-9）	硅酮与改性硅酮建筑密封胶
载荷较高公共场所的伸缩缝（图 3-11）	聚氨酯建筑密封胶
需要用油漆着色的伸缩缝（图 3-10）	丙烯酸酯建筑密封胶

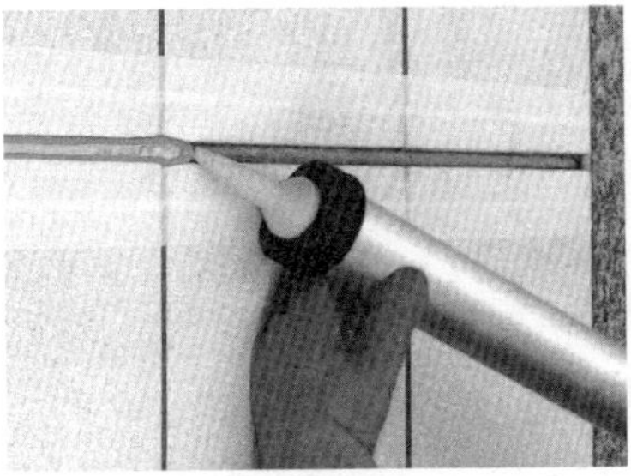

图 3-9 建筑外墙上的伸缩缝

图 3-10 需要用油漆着色的伸缩缝

图 3-11 载荷较高公共场所的伸缩缝

4 准备工作

4.1 材料的接收和储存

送达施工场地的陶瓷砖应进行适当验收，瓷砖的供应商、品种、规格、图案、尺寸、编号、花色应符合设计要求。在条件允许的情况下可进行如下几方面的抽查：

（1）看表面：釉面砖，釉面平滑、细腻；光泽釉应晶莹亮泽，无光釉则柔和、舒适。抛光通体砖，抛光面平整，不掉渣、无粉尘，摸上去光滑细腻。

（2）看色差：将几块陶瓷砖拼放在一起，在光线下仔细察看，好的产品基本没有色差，产品之间色调基本一致；而差的产品色差较大，产品之间色调深浅不一（不同批次优等砖出窑，由于色料比例细微偏差或者煅烧温度变化偏差就会产生色差，这是避免不了的问题，存在色差是正常的，但同一色号在颜色上会比较接近，肉眼几乎很难分辨）。

（3）比规格：好的产品规格偏差极小（正常的偏差值是1.0mm），铺贴后，产品整齐划一，砖缝平直，装饰效果良好。差的产品规格偏差大，产品之间尺寸不一。

（4）看变形：可用肉眼直接观察。要求产品边直面平，不变形，施工方便，铺贴后砖面平整美观。

（5）看图案：花色图案要细腻、逼真，没有明显的缺色、断线、错位等缺陷。

（6）听声音：敲击瓷砖，声音越清脆洪亮，证明密度越好，瓷质比例越高，在强度、吸水率方面都是上等。

如发现异常或裂损应立即记录、上报，若客户坚持使用，应有书面证明材料。书面证明材料可包括四方面：

① 说明砖存在质量问题的细节，以及由此可能产生的问题。

② 说明是由客户自己坚持使用的。

③ 使用这些材料不应对工程验收产生影响。

④ 由此产生的质量问题施工方不负责，若需维修、更换，费用由客户自理。

陶瓷砖应在原包装中存放于干燥、坚实、平整的场地上，同一色号存放在一起，堆积高度不宜超过 1.8m。

陶瓷砖胶粘剂、填缝剂、美缝剂应在原包装中交货和储存，以保证在密封和标签完整的状况下保留到使用时间。合格证、出厂报告与材料同行。材料使用描述要与设计的工艺条件相符。

储存中不应将胶粘剂和填缝剂直接放在混凝土或泥土地面上，最好能够垫高以防水和防潮；应避免外力、外因对它们造成损坏和污染。储存现场应该干燥、通风，并保持在材料生产商推荐的温度范围内。

4.2 施工工具与机具

陶瓷饰面砖镶贴工程是施工人员选择合适的材料、在工具配合下完成的，工具对于施工质量有重要影响。瓷砖镶贴的主要工具设备如表 4-1 所示。

表 4-1　瓷砖镶贴常用工具

产品名称	产品用途	工具图例
搅拌机	搅拌多种建筑材料，如胶粘剂、砂浆、水泥、环氧树脂及涂料等	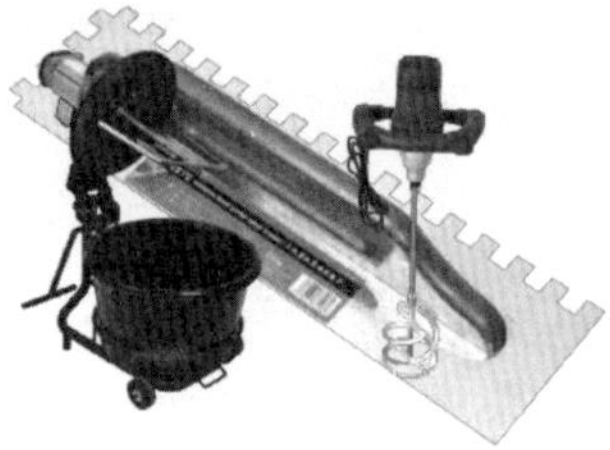
抹刀及锯齿抹刀	不同规格和形状的抹刀可用以适应不同瓷砖的尺寸和胶粘剂厚度范围	
阴阳角砌砖刀	用于建筑物阴阳角的修饰及塑形	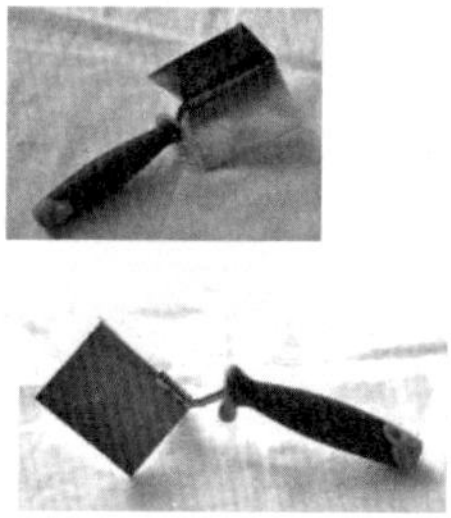
手动瓷砖切割机	切割瓷砖	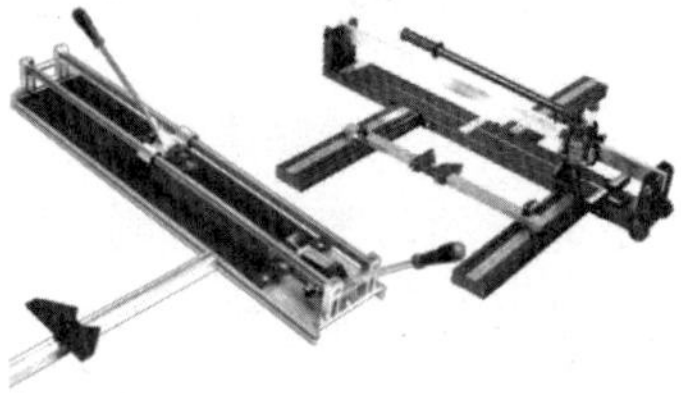

续表

产品名称	产品用途	工具图例
电动瓷砖切割机	切割瓷砖	
砂浆刮板	用于整平砂浆	
砂浆刮板	用于外墙砂浆施工	
矩形水平仪	用于地面铺砖时的找平	

续表

产品名称	产品用途	工具图例
橡胶槌	使瓷砖铺贴得更为紧实、平整	
水平靠尺	用于平整度的检测	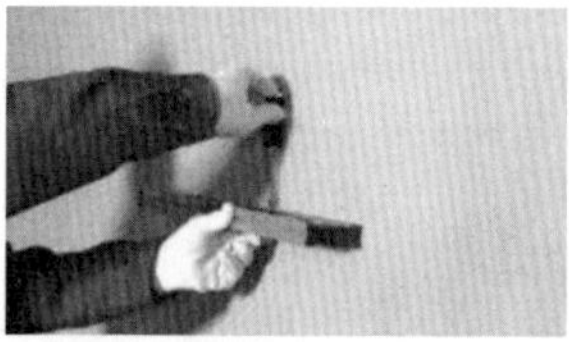
砖缝十字卡	适用于各类瓷砖缝隙的宽度控制	
填缝用抹板	瓷砖铺贴后填缝用	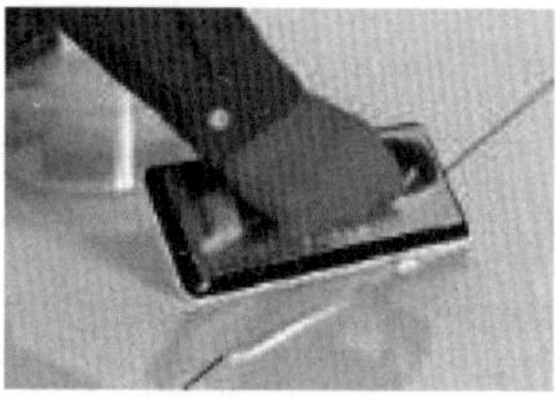
填缝枪	用于容易被填缝剂、密封剂污染的瓷砖	

续表

产品名称	产品用途	工具图例
清洁海绵	清洁瓷砖表面	
检查棒	用于探测粘贴的瓷砖是否存在空鼓	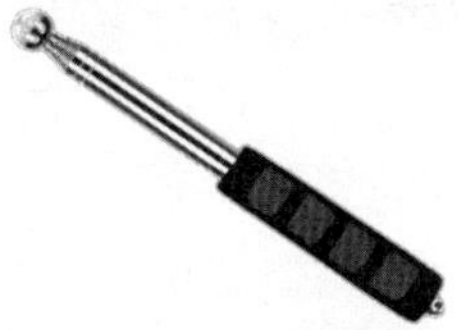

陶瓷饰面砖镶贴工程还需要吊篮、升降机、手推车等施工机具来配合。

4.3 基层的准备

根据《建筑地面工程施工质量验收规范》（GB 50209—2010）和《建筑装饰装修工程质量验收标准》（GB 50210—2018），确认基层表面的平整度和垂直度完全符合设计要求；当表面平整度不够时，就要用找平砂浆或抹灰砂浆来整平：

（1）用 2m 垂直检测尺检查，立面垂直度≤3mm。

（2）用 2m 靠尺和塞尺检查，表面平整度≤3mm。

（3）用钢直尺和塞尺检查，接缝高低差≤1mm。

基层结构应该是稳定、坚固的。基面不应该有浮尘、漆蜡、油脂、松散残留物等任何有可能降低粘结性的附着物。表面浮尘应该用扫帚清扫并喷水清洁干净；松散残留物（如浮浆、落地灰）应用适宜的工具清除掉；曾被酸、碱污染的基面应进行中和处理。

应对将被覆盖的隐蔽工程做好必要的标记。

应检查施工现场的环境条件是否符合标准、规范或设计的要求。如有必要，应搭设临时棚护，以防止雨淋和过多的日晒。

具体的基层准备工作如下：

（1）钢筋混凝土墙、地面：自混凝土浇筑至少应已养护28d以上。如发现裂纹，应该首先确定裂纹发生原因和裂纹的发展状况。宽度超过0.5mm的、已稳定了的裂纹应用适宜的材料进行填补。原因不明的、仍在继续发展的或在载荷作用下反复开合的裂纹应要求设计师提供解决方案。

（2）旧陶瓷砖面：首先应清除松散不牢固的基层，包括所有没有牢固粘结的瓷砖；并用专用修补砂浆补平。然后彻底清除灰尘、油渍等污染物。必要时可使用适用的清洁剂清洗干净。

（3）各类砌块墙体：首先量测其平整度和垂直度是否满足规范要求，以确定是否需要抹灰层。然后用净水湿润表面，以检查其表面孔隙率和吸水率。如对砌块表面粘结性有疑义，应向砌块生产商咨询粘结的方法。

（4）轻质隔墙系统：首先应确认骨架隔墙系统中的龙骨间距和构造连接方法是否符合生产商的设计和安装方法，因为这将直接影响隔墙的稳定性。其次应向生产商咨询适用于具体隔墙系统的胶粘剂类型；必要时应通过试验验证。

4.4 找平层和抹灰层的铺设

为保证瓷砖粘贴工程施工质量，瓷砖铺贴施工前，基层表面的平整度和垂直度及室内的方正度要达到铺贴施工的基本要求，瓷砖铺贴前需要对基面进行处理，包括必要的找平、抹灰或界面处理。

为控制铺设的高度或厚度，在施工前应使用适宜的仪器和工具打好水平、垂直或坡度线。

4.4.1 找平层的铺设

根据找平材料与地面接触方式，找平层分为粘结在混凝土面上的复合式和与基面隔开的浮动式。

（1）复合式找平层：一般不使用隔声层，找平水泥砂浆或素石混凝土直接铺设在承重地板上，这层地面找平层与建筑物的承重底板直接相连，称之为复合地面找平层系统。地板面层直接铺设在该找平层上。通常找平层要足以覆盖预埋的管线和管道。按照水平线以及设计方案中要求的高度和厚度，在周围的墙、柱等部位按照施工工艺制作出标高控制线，之后根据线路找平墩，要保证线路一直处于水平状态，两者之间的距离应该小于 2m，有些房间在设计时要求有一定的坡度，在拉线时要充分考虑到坡度的要求。使用特种砂浆产品，如自流平砂浆时，应遵照制造商的推荐方法和厚度。

（2）浮动式找平层：找平层铺设在隔声层上面，与建筑物的承重底板或墙壁没有任何接触，因此称之为“浮动的”。采用浮动式找平层时同样要根据设计厚度和打好的水平或坡度线，拉线做好水平墩或坡度墩。可以考虑选用乳液增强型界面剂，以提高找平砂浆与隔声层的结合力。使用这类界面剂时，应考虑界面剂供应商的建议，有的需要等界面剂失水变黏后才可以铺设砂浆层，但一般都可以在界面剂施用后马上铺设砂浆层。

施工：

（1）在混凝土地面施用找平砂浆前，推荐施用界面剂，以提高找平砂浆与基面的粘结。也可先将基底湿润，然后撒上一层素水泥作为界面接合层，并随铺找平砂浆，找平砂浆宜从房间退着向外铺设。应用清洁水将其充分湿润。

（2）商品找平砂浆应遵照生产商建议的比例和拌和方法进行机械搅拌，要保证拌合物为均匀无结块的砂浆。使用特种砂浆产品时，应遵照生产商推荐的熟化时间静置，然后经搅拌方可使用。

（3）找平砂浆的铺设厚度应略高于冲筋，用力拍实（建议用平板振捣器），然后用水平刮杠刮平，以达到设计的平整度要求。最后应将表面用木抹子搓平，但不得压光。

（4）砂浆铺设后 12h 洒水养护的工作就应该开始，并在整个养护期内一直保持砂浆层的表面润湿状态。找平砂浆层的养护期越长越好。如果考虑的只是砂浆层的强度，一般 7d 就已经足够了。但普通水泥砂浆都会有相当大的干缩，逐渐在找平层中造成裂纹，许多陶瓷砖饰面层的破坏都与此相关。在理想的情况下，平均每 10mm 厚度的砂浆层需要 7d 养护时间才能够达到体积稳定的状态，例如 40mm 厚的找平层最好养护 28d。

（5）养护后，应使用金属棒全面检查找平层与基面间的粘结效果。如有空鼓现象，应凿开重新铺设；如有裂纹应根据情况进行修补，或要求设计师提供解决方案。

（6）选用特种砂浆作为找平层时，按厂家要求的方式进行养护。

4.4.2 抹灰层的铺设

抹灰前应根据设计总厚度设置标筋，并应标出在墙体中将被覆盖的隐蔽工程（特别是煤气、电气管道）的位置，以避免随后的铺装和装修工作对其造成的破坏。

基于新型墙体材料的选用、新型施工工法的启用，新建工程的墙体平整度和垂直度都有较好的保证，传统的厚层找平施工已越来越少，商品化的建筑用找平砂浆、抗裂抹灰砂浆也逐渐取代了现场混拌的砂浆，使得墙体找平的施工厚度在 3mm 时也能保证材料的力学性能。墙体找平施工前，对墙体上的浮浆等杂质，必须用铲子等工具将其处理干净，再利用扫帚打扫干净，保持基层干燥清洁。按照水平线以及设计方案中要求的墙面标高设定施工厚度，在周围的墙、柱等部位按照施工工艺制作出标高控制线，之后根据线路找平墩，要保证线路一直处于水平状态，两者之间的距离应该小于 2m，一定要注意安装冲筋。

免抹灰的工法在一些选用高精砌块或铝模混凝土的工程上成为墙体处理的一种方式，在基面立面垂直度、平整度≤4mm（2m 靠尺）和阴阳角方正度≤4mm 时可选用免抹灰方式。当采用免抹灰工法处理墙体时，要注意基面应平整、坚实、洁净，不得有裂缝、明水、空鼓、起砂、麻面及油渍、污物等缺陷。局部空鼓区域，必须先将其铲除后再用聚合物水泥砂浆重新找平，最后用扫帚将灰尘和垃圾清理干净。

常用的免抹灰的处理方式有两种：

1. 混凝土墙高压水枪拉毛

采用超高压水枪（水压＞100MPa）进行拉毛处理；拉毛验收标准：冲刻痕线宽度≥1.0mm，冲刻痕线深度≥0.5mm，1m 宽墙体表面冲刻痕线≥100 条（图 4-1），墙体表面冲洗干净，用手触摸后无粉尘或碎屑残留在手上。

图 4-1 高压水枪拉毛

2. 涂刷界面剂

（1）混凝土墙用金属模板禁用油性脱模剂，需采用水性脱模剂。

（2）严格按照包装配比将乳液和粉料进行混合搅拌，要求形成均匀、流动性较好的浆料状。

（3）使用刮刀或滚筒刷将胶料涂刷在基面做薄涂界面，厚度控制在 2～3mm。

（4）待基面干固后（24h）进行下一道工序（图 4-2）。

图 4-2　刷涂的界面剂

施工：

（1）抹灰找平用于陶瓷饰面砖工程的，抹灰层应坚实、牢固，不空鼓，抗拉强度不应小于 0.4MPa，基层表面平整度偏差不应大于 3mm，立面垂直度偏差不应大于 4mm。

（2）商品找平砂浆应遵照生产商建议的比例和拌和方法进行机械搅拌，要保证拌合物为均匀无结块的砂浆。使用特种砂浆产品时，应遵照生产商推荐的熟化时间静置，然后经搅拌方可使用。

（3）抹灰砂浆应分层铺设，每遍厚度宜为 5～7mm。当抹灰总厚度超出 35mm 时，应在抹灰层间加铺防锈钢筋网或耐碱玻纤网增强。加铺的钢筋网一般需要用机械的方法将其锚固在基面上。后续的抹灰层应待前一层充分凝结后再施用。抹灰层跨不同材质的墙体材料时，也需要在抹灰层中加网，以提高抗裂性能。

（4）抹灰砂浆的面层应用刮杠刮平，达到设计平整度的要求。最后的砂浆面应用木抹子搓平，但不得压光。

（5）砂浆铺设完成后 12h，应开始洒水养护工作，并在整个养护期内一直保持砂浆层的表面润湿状态。抹灰砂浆层的养护期越长越好。如果考虑的只是砂浆层的强度，一般 7d 就已经足够了。但普通水泥砂浆都会有相当大的干缩，逐渐在抹灰层中造成裂纹，许多陶瓷砖饰面层的破坏都与此相关。在理想的情况下，平均每 10mm 厚度的砂浆层需要 7d 养护时间才能够达到体积稳定的状态，例如 40mm 厚的抹灰层最好养护 28d。

（6）养护后，应使用金属棒全面检查抹灰层与基面间的粘结效果（图 4-3）。如有空鼓现象，应凿开清除掉后重新铺设；如有裂纹应根据情况进行修补，或要求设计师提供解决方案。

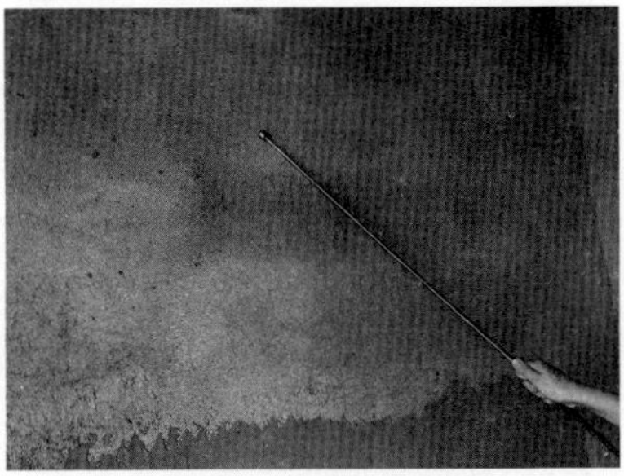

图 4-3 敲空鼓

（7）在加气混凝土、轻质墙板、墙体保温系统等基体上粘贴陶瓷饰面砖时，抹灰找平层采取加网并保证灰层厚度大于 5mm 等措施，以确保基面达到粘贴要求。

4.5 防水层的需求和铺设

《住宅装饰装修工程施工规范》（GB 50327—2001）中明确指出：防水层应从地面延伸到墙面，高出地面 100mm；浴室墙面的防水层不得低于 1800mm。须做闭水试验：将卫生间的所有下水道堵住，并在门口砌一道 250mm 高的“槛”后，灌入 200mm 高的水，24～72h 后，确认无渗漏即可贴瓷砖。其常规施工顺序为：水电完工后，回填、找平、防水、闭水试验、贴砖。在经常接触水（如游泳池、厨卫间、阳台）等部位的陶瓷砖镶贴工程，防水是必需的程序。

陶瓷砖饰面层下，水泥基防水材料是最佳选择。这种选择重点考虑的是防水材料为室内使用，环保要求很高，同时考虑防水层与找平/抹灰砂浆和陶瓷砖胶粘剂在粘结性上的匹配最佳。

基于瓷砖粘贴安全与防水性能可靠等方面的考虑，厕浴间防水层通常采用双组分聚合物水泥防水涂料涂抹 1.5mm 厚的防水做法。该种防水涂料以水泥为主，适用于长期浸水环境下的建筑防水工程。

防水涂料的涂刷应遵照生产商的建议，将粉料与液料按比例混合并充分搅拌；施工前仔细检查基面，处理基层表面平整、坚实，无尖锐角、浮尘和明水，并按设计要求做好防水节点处理。油污清除干净，低凹破损处修平。选用适宜的工具（如板刷、滚筒）均匀施用。在大面积施用防水涂料前，应先做好地漏、套管、卫生洁具根部、阴阳角等部位的防水增加层（图 4-3、图 4-4）。防水涂膜应多遍涂布，不得漏刷，每遍涂膜厚度以 0.4～0.5mm 为宜，涂料用量约 0.8kg/m^2，不宜一遍过厚。立面施工以不加水或少加水为宜，以免涂料流淌，致使立面厚度不易达到设计厚度，同时导致阴阳角堆积料过厚，产生裂纹。总厚度也应符合生产商的要求。防水涂料中增强用的玻纤布的接茬应顺流水方向搭接，搭接宽度应不小于 100mm。防水层应从地面延伸到墙面，至少高出可能接触水面 100mm；浴室墙面的防水层应低于 1800mm。

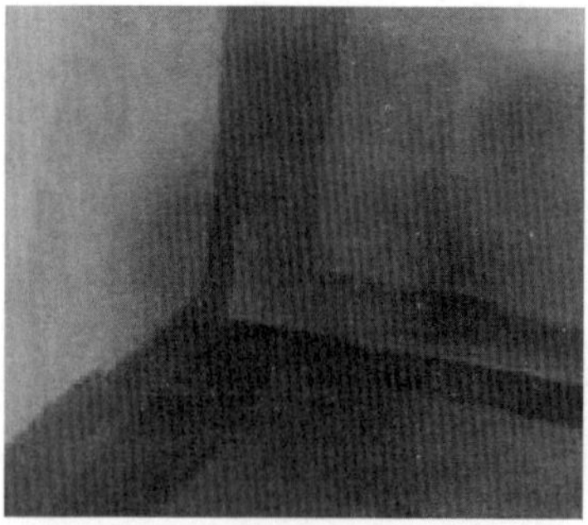

图 4-3　阴角部位的加强处理

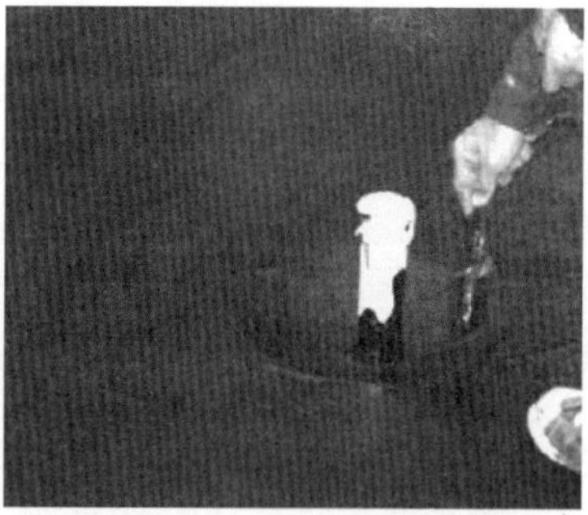

图 4-4　穿楼板管道处理

施用后的防水层表面应平整，不得有空鼓、裂缝和麻面起砂，阴阳角应做成圆弧形。

5 陶瓷饰面砖的安装

5.1 陶瓷砖和瓷砖胶的准备

施工现场的瓷砖应完好无破损、无色差，瓷砖砖背脱模粉要求无大面积残留，用手触摸砖背手上无明显脱模粉残留；瓷砖胶、水泥基填缝剂、美缝剂包装完整，未受潮，粉体细度均匀未结团。

施工现场材料要加以验收，确认品牌、型号、生产日期、生产工厂、产品合格证、第三方检测报告等信息，以防用错。

准备胶粘剂时，水泥基胶粘剂在搅拌时应该先加液体再加粉体。应遵照生产商建议的比例先将所需清洁水量（或乳液量）放入干净的搅拌桶中。然后一边倒入胶粘剂一边用机械搅拌器连续搅拌，直至取得均匀无结块的胶粘剂。初始搅拌后的胶粘剂应静置在搅拌桶中，直到生产商推荐的熟化时间过后再搅拌一下方可使用。

应控制胶粘剂的搅拌量，以使搅拌好的胶粘剂能够在产品的存罐时间内使用掉。一旦超过存罐时间，胶粘剂就会失效，应该弃用。掺水搅拌超过存罐时间的胶粘剂会导致质量事故，应严格禁止。

基层应平整、坚实、干净，无裂缝、空鼓、起砂，抗拉强度不小于 0.4MPa。当基层的抗拉强度小于 0.4MPa 时，铲除原基层，再用抗裂抹灰砂浆找平，抗拉强度检测合格。

基层平整度偏差不应大于4mm，立面垂直度偏差不应大于4mm，平整度相差较大时应进行找平。墙面找平必须采用抗裂抹灰砂浆，地面找平可采用水泥砂浆或垫层自流平砂浆。

使用胶粘剂铺装前，陶瓷砖不应浸水湿润，但应用钢丝刷除去砖背上的松散物质（如辊道防粘剂的残留物），并用湿布抹去砖背的浮尘。

5.2 陶瓷砖饰面层的布置

饰面砖装饰效果是否达到预期要求，除了施工质量外，现场排砖合理与否也是一个主要的因素。因此，想要取得好的效果，必须在施工前进行饰面砖的排砖计算，通过合理设置起铺点，协调各部分尺寸，选出最佳的排砖方案。

首先应按每个具体部位的设计铺设式样进行计划，包括砖间缝宽度和墙地砖缝之间的对接。然后，应该根据施工现场的实测情况进行放线定位和排砖，并注意铺设细节。

5.2.1 墙、地面砖排版原则

（1）墙、地面的面砖规格相同时，墙、地面砖的缝隙应贯通，不应错缝，规格不相同时可不作要求。

（2）面砖预排时，应尽量避免出现非整块现象，如确实无法避免时，应将非整块的面砖排在较隐蔽的阴角部位。

（3）在施工前能确定面砖规格，排版设计出现非整块砖时，可建议适当变更墙体位置或门窗洞口位置及尺寸。

（4）如果在一个墙、地面确实出现无法避免的小于1/4块的小条砖时，应将一块小条砖加一块整砖的尺寸平均后切成两块大于1/4的非整砖排列在两边的阴阳角部位，并且位置要对称。

5.2.2　起铺点设置的总体规则

原则上除不规则部位，尽量用整砖；铺砖时尽量减少裁砖；瓷砖压向要求为：门口处正视，侧墙压横墙，墙砖压地砖。

（1）墙砖起铺点设置

① 遇阳角由阳角起砖，如图 5-1 所示。

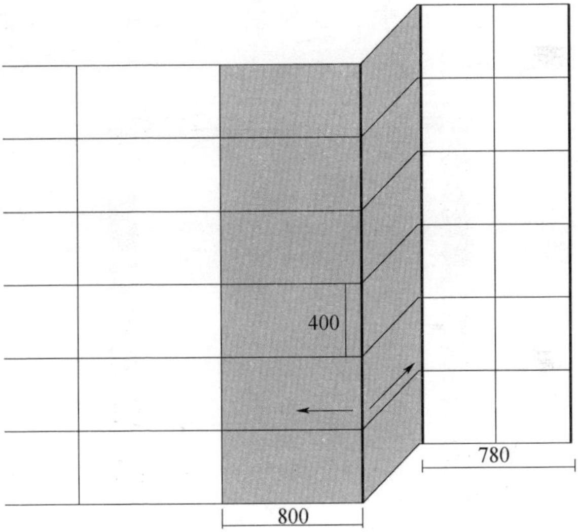

图 5-1　由阳角起砖示意

② 遇门窗洞口，由洞口双向起整砖，如图 5-2 所示。

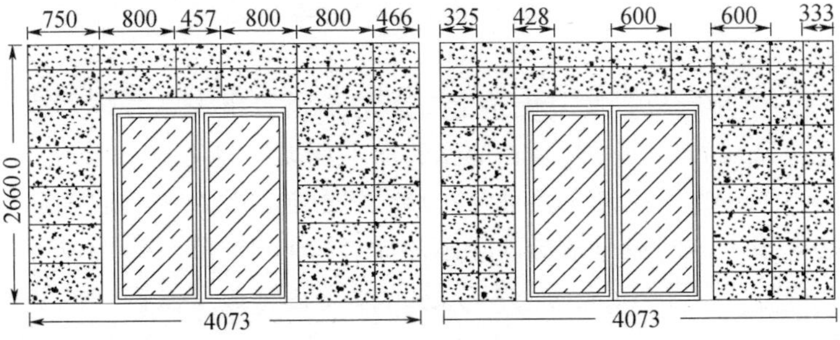

图 5-2　洞口双向起整砖示意

③ 门及窗上、下侧半砖均匀居中；出现 1/2 块的小条砖时，应将一块小条砖加一块整砖的尺寸平均后切成两块大于 1/2 的非整砖排列在门及窗上、下侧两边的部位，并且位置要对称。

④ 有腰线的，以腰线上、下起整砖。

（2）地砖起铺点设置

① 条形地面宜由门口中位起整砖。

过道：以过道的中心线为基准，向两边开始铺贴，如图 5-3所示。

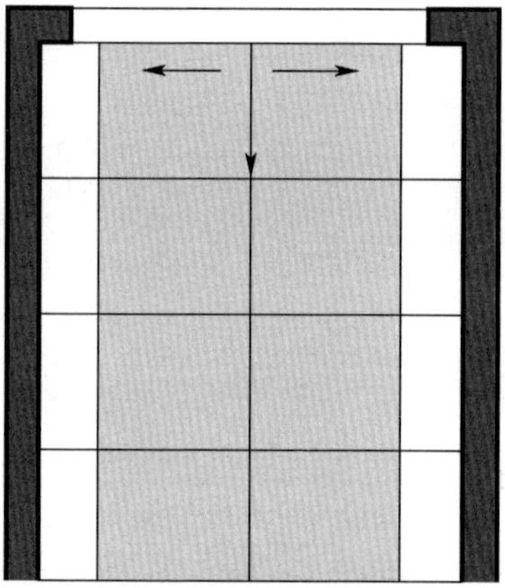

图 5-3　门口中位起整砖示意

② 方形、矩形、大面积地面宜以进门主视线中点起砖。

③ 墙、地面的面砖规格相同时，墙、地面砖的缝隙应贯通，不应错缝。

④ 排版应尽量避免小于 1/4 的小条砖出现，若排到边上有小条砖时，应将其与相邻整砖取平均。

⑤ 入户门：在设计排砖方案的时候，以入户门的中心为基准线，向两边开始排列瓷砖。

⑥ 客厅的长及宽：客厅的长边或者宽边，以排列的瓷砖

为整片效果为佳，如果出现非整片形成一列的情况，非整列的瓷砖的宽度应该以大于瓷砖宽度的 1/2 以上为宜。

（3）墙地砖细部节点

① 墙地砖排版，阴阳角搭接，先贴短边墙砖，长边墙砖碰接于短边墙砖。

② 地砖与墙砖阴角应先贴地砖，墙砖碰接于地砖，墙砖压地砖。墙砖阳角各切 45°拼接。

③ 排版应尽量避免小于 1/3 的小条砖出现，若排到边上有小条砖时，应将其与相邻整砖取平均。

④ 地砖坡度尽量大，主要为顺水快，地漏是最低点；门槛处做防水前做挡水台。

⑤ 根据不同砖的特点及使用部位确定砖缝：客厅地砖1.5～2mm，厨房地砖 1.5～2mm，厨房墙砖 1～1.5mm，主卫墙砖 0.5～1mm，公卫墙砖 0.5～1mm。

（4）复杂条件下排版基准点位置选择

① 根据主入口位置选择基准点，一般排版主入口必须为整砖，其他门的位置也要为整砖，但为了保证主入口的完整性，可以忽略其他门处地砖的完整性。

② 根据主入口（主入口向室内排版定为横向）的原则，在竖向排版时，应先量一下房间尺寸，根据地砖的尺寸核对是否有碎砖，如果出现大于或等于 1/3（例如：原砖为 600，大于 1/3，即为 200～600 之间）的砖，可以根据室内设施摆布，将砖排至不明显处，或者根据进门位置由左向右排版（进门左侧为视线明显位置），没必要两侧平均分，基准点设在一边。

③ 如果出现小于 1/3 的砖，室内有不明显位置可排在不明显处，如果无不明显处，可根据碎砖尺寸及整砖尺寸相加两边平分［例如：碎砖为 30，整砖为 200，即（30＋200）/2＝115，两边各 115］，基准点设在中间或者一边。

④ 如果出现小于 1/4 的砖，室内有不明显位置可排在不明显处，如果无不明显处，可根据碎砖尺寸及整砖尺寸相加两边平分，基准点设在中间或者一边。

⑤ 如果大面积区域内有柱体，可根据柱体位置定基准点，但是必须保证进户门位置是整砖（除业主及图纸有其他要求外）；也可将该区域根据柱体中心位置平均分为若干个区域，再对每个小区域排版。

⑥ 如果大面积区域内无柱体，根据小面积排版方法。

⑦ 门两侧一般要求整砖，进户门左前方墙角瓷砖尽量为整砖，窗户一侧尽量为整砖。故基准点一般以门窗两侧为基准点，无窗时以进户门左前方墙角为基准点。

⑧ 所有穿过瓷砖面的管道、电器开关、插销等，尽量将它们安排在陶瓷砖的边缘，如图 5-4 所示，以减少瓷砖切口对美观的影响。

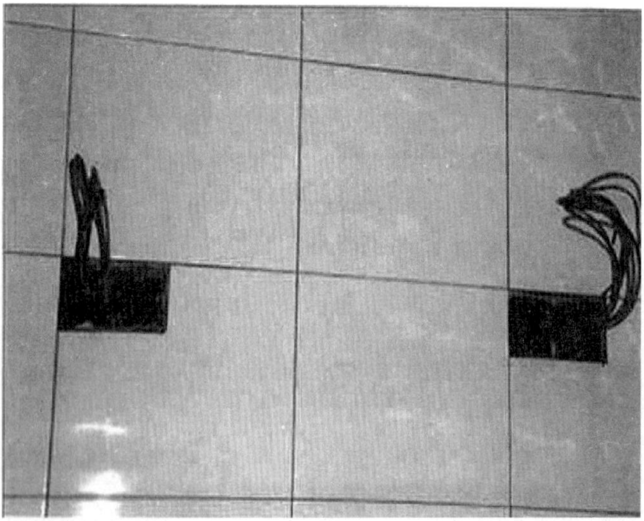

图 5-4　线盒部位瓷砖切口

5.2.3 外墙瓷砖排版

（1）基本要求：根据图纸外墙立面要求，是否有分隔缝，分隔缝位置，瓷砖规格（外墙瓷砖一般为 95×95、45×45、95×45，墙砖缝隙 5mm）、尺寸及颜色。

在外墙排版前根据图纸外立面给出的大致瓷砖分隔位置，测量出外墙各区域的尺寸，根据瓷砖的规格计算出大体需要多少砖，大致的瓷砖预留缝隙大小，如果计算的尺寸大小与 5mm 相差 1mm 以内，可以按照计算的缝隙尺寸排版，如果相差较大，先按照 5mm 缝隙排版，在适当位置调整尺寸消化碎砖的出现，必须保证整体外墙瓷砖的对缝。

（2）外墙瓷砖排版时，外墙瓷砖（95×45）留缝 5mm，出现碎砖时的处理方法：

① 外墙线右侧 50mm 为外墙粉刷层，粉刷层的厚度根据建筑高度及建筑面积确定，一般在 30～50mm 之间（深化时就算在里面），如图 5-5 所示。

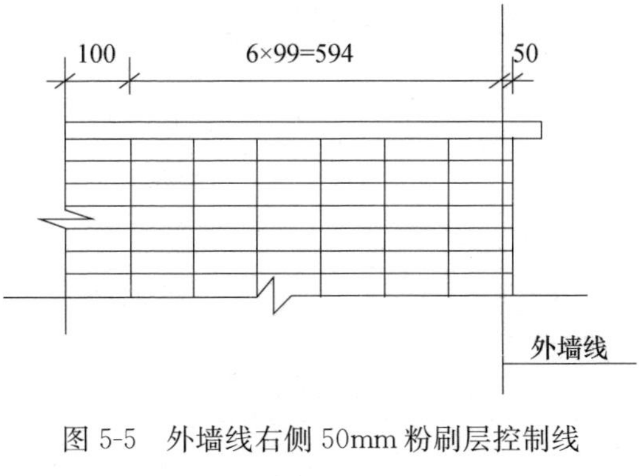

图 5-5 外墙线右侧 50mm 粉刷层控制线

② 可以改变 5mm 缝隙大小将碎砖消化掉，允许调节的大小为 1mm。

（3）外墙门窗、分隔缝上下及瓷砖颜色或者规格不同时的处理方法，如图 5-6～图 5-8 所示。

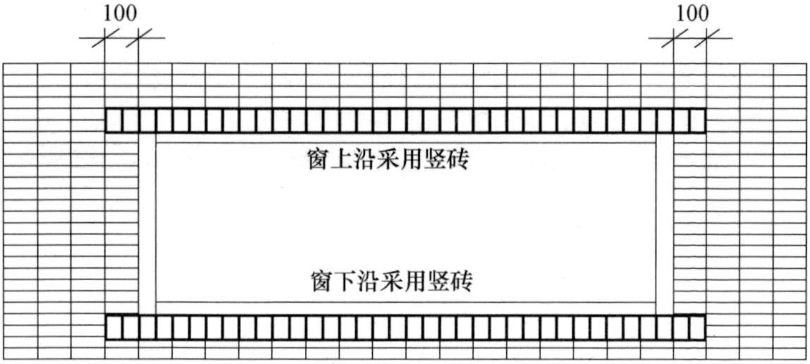

图 5-6　门窗上、下一般处理方法

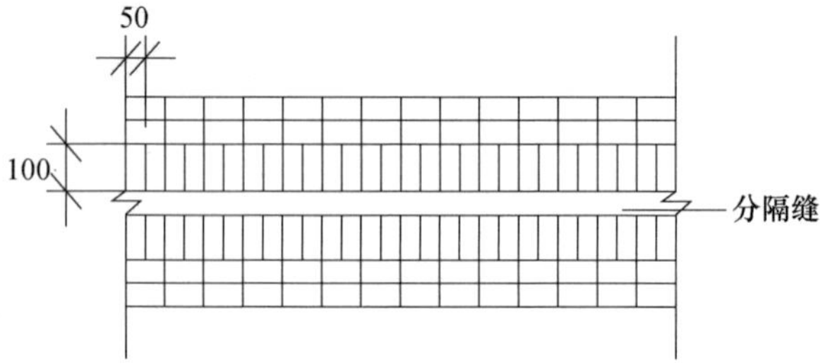

图 5-7　分隔缝上、下一般处理方法

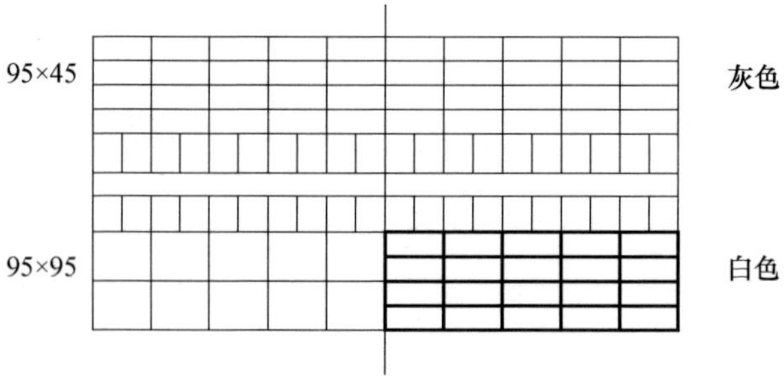

图 5-8　规格、颜色不同时的一般处理方法

（4）一般应该从铺设面中心开始，选择两种方式之一，以保证边部被切砖的宽度不小于砖宽的 1/2，如图 5-9 所示。尽量减少被切砖的数量，并尽量将其安排在不显眼的位置（如阴角处）。

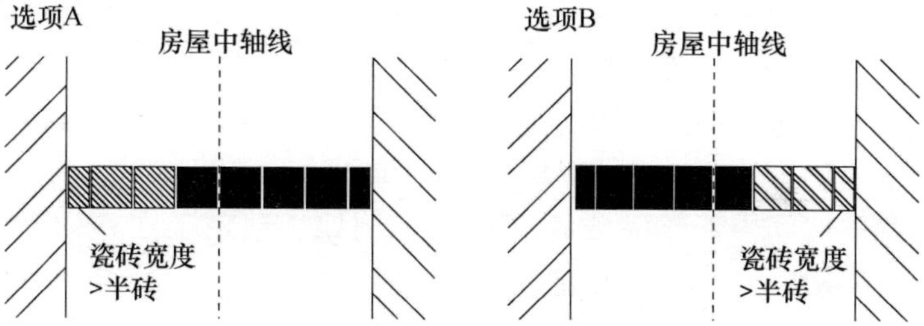

图 5-9 从铺设面中心开始的排砖方式

5.3 陶瓷砖的铺装

施工区域环境温度为 5～35℃，当在低于 5℃或高于 35℃气温下施工时，应采取保证工程质量的有效措施；同时避免在阳光直射或强风天气施工。

瓷砖粘贴工艺一般分为三种：背涂法、薄贴法（又称镘刀法、基涂法）、组合法。

当铺贴面的平整度符合设计要求时（2m 直尺下的公差不应超过 3mm），使用胶粘剂薄贴法最省工、省料、节能环保。

薄贴法是指使用非常薄（约 3mm）的粘结厚度对瓷砖、石材等材料进行粘贴的方法。它一般是在平整的基面上使用齿形抹刀控制粘结材料层厚度。

具体操作：首先，用符合所需胶层厚度的齿形抹刀的直边将搅拌好的胶粘剂批到基面上，厚度小于 1mm 但务求全部满批。然后，用齿形抹刀的齿边将胶粘剂按需求量铺到批层上。最后，握住齿形抹刀与基面成 45～60°角，沿瓷砖缝方向将胶粘剂层梳理成均匀条状。在胶粘剂的晾置时间内，将准备好的陶瓷砖铺压到位，并垂直于梳理方向轻微搓动以排出砖下的空气。

在内、外部载荷较高的部位（如承受重车载的地面、外墙面）铺设陶瓷砖时，应在薄贴法的基础上采用双批法/组合法，即在铺压陶瓷砖前，在砖背面也满批一薄层胶粘剂。此法虽然用工时较多，但能够保证粘贴的质量和耐久性。

需要注意的是，胶粘剂的晾置时间受施工现场的环境温度和湿度的影响，因此，粘贴工应将薄贴法铺胶的范围控制在现场晾置时间内能够完成瓷砖铺设。例如，粘贴工在室内铺砖时，一般凭经验铺胶不超过臂长能够达到的范围。当然，夏季在室外直接日照下铺砖时，铺胶范围要缩小，还要注意做好遮阳挡雨的工作。

至于在现场如何确定晾置时间，最简单的方法是用手指轻摸胶面，如图 5-10 所示：如果胶面已经起膜不能粘到手上，当然也就很难粘到陶瓷砖上。此时一般需要重新梳理胶面，甚或换铺新鲜的胶粘剂。

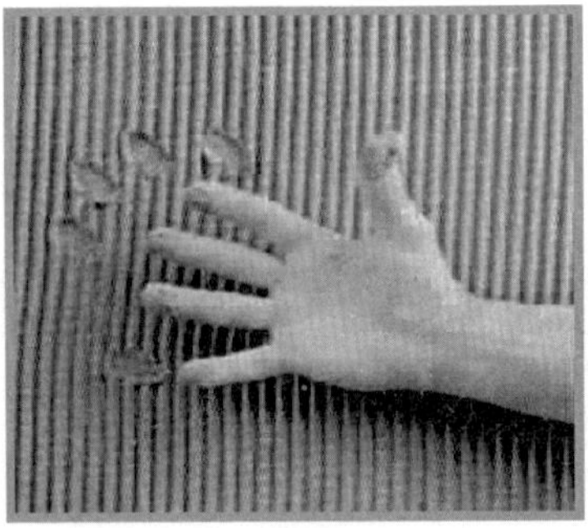

(a)

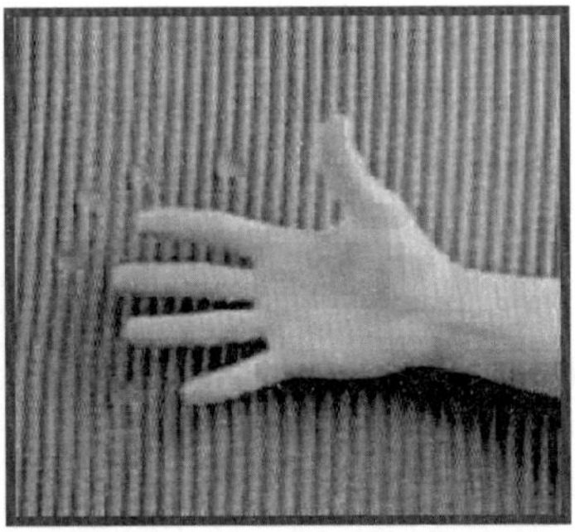

(b)

图 5-10　确定晾置时间的方法

(a) 在晾置时间内；(b) 晾置时间已过

粘砖后，瓷砖胶粘贴强度达到要求，一般在 3～5d 后才可进行勾缝。填缝后，自然养护 5～7d（冬期、雨期应适当延长）后即可投入使用。

陶瓷砖铺贴到位后应用橡皮槌轻击，同时调整其表面平整度及接缝的平直。缝宽的均匀一致应用尺寸合适的定位器来控制。为了保证施工质量，粘贴工应不时翻开已贴好的陶瓷砖，确认其背面和基面都完全粘满胶粘剂；否则应返工重铺。如图 5-11所示。

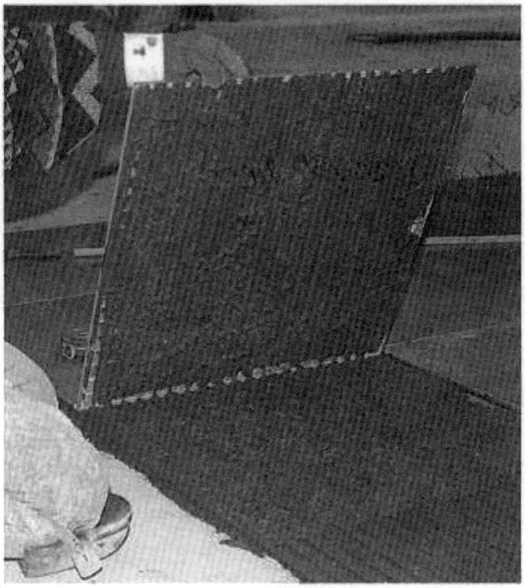

图 5-11 现场检查满浆率

铺设好的砖面应该及时清理干净，特别是去除残留其上的胶粘剂。合格的胶粘剂干硬后即使在陶瓷砖面上也不易被清除掉。

清理好的陶瓷砖面应该立即摆放标志进行隔离，避免污染或扰动，直到下一个填缝工序。

需要特别注意的是，带地漏地面安装瓷砖时要找好坡度，以保证各个位置的水都能流入地漏中，坡度宜为 1%～2%。如果同一区间配置两个地漏，应以两个地漏之间的中心点为最高点向两边铺；如果是配套墙、地砖，地砖要与墙面瓷砖对缝铺贴。

粘贴面积比较大的瓷砖时，要采用大型的专业抹刀（600mm 宽）以组合法进行施工；双人配合施工，这样会缩短施工时间，防止胶面裸露时间过长而影响粘结强度。减小胶粘剂一次性的涂刮面积，应随刮随粘。

5.4 大规格陶瓷板的铺贴

大规格陶瓷板尺寸大，对基面平整度要求高。墙面平整度误差：2m 靠尺误差 2～3mm 以佳，推荐垂平而非顺平。室内地面，当无排水要求时，可采用水平地面；当有排水要求时，地面坡度应不小于 0.5%。室外地面，坡度应不小于 1%。基层应坚实稳固，无开裂、空鼓；洁净，无浮灰、油污等有碍粘结物质；平整度不满足要求时需预先找平。

铺贴大规格陶瓷板必须使用专用胶粘剂，水泥基通常要求 C2S1E 以上级别，施工时必须使用组合法。

根据基面、砖面平整度和设计要求选择合适的齿形镘刀（刮板），薄层使用齿形≤6mm×6mm、一般使用齿形≥10mm×10mm。

在基材上先用齿形镘刀的直边将胶粘剂平整地涂抹一层，胶粘剂厚度根据齿形镘刀的齿距而定，通常要求厚度大于齿距的 2/3。用镘刀的锯齿边将胶粘剂梳理出饱满无间断的锯齿状条纹，条纹要呈同方向，不可有斜条纹或弧形。梳理时，镘刀与基面的夹角约为 45°。

用锯齿镘刀的直边将胶粘剂在清洁过的大规格陶瓷板背面的粘贴面上涂抹一层，厚度为 6～8mm，用镘刀的锯齿边将胶粘剂梳理出饱满无间断的锯齿状条纹，条纹要与基面上梳理的条纹在粘贴时成同方向。然后用镘刀的直边以小于 30°夹角将面材四边的胶粘剂做出倒角，以免在粘贴时多余的胶粘剂被挤出污染面材表面，以减少表面清理和以后清缝的工作量。

双面刮胶完成后 20min 内，使用抬板架将大板粘贴到基面（适当上下揉压），墙面应按从下至上、自内至外的顺序沿基准线进行粘贴。

使用振动器/拍板，从中间往两边将瓷砖胶空隙内的空气排出，以避免空鼓，提高满浆率。粘贴大板时可使用适当规格的楔式找平器，以保证留缝尺寸满足设计要求、保证留缝宽度的一致（在放置插片时，尖端朝向先粘贴好的大板，用推紧钳夹紧）。大板之间缝隙宽度调整可使用大板拉紧调平器。

大规格陶瓷板室内粘贴时需按建筑结构设计要求设置伸缩缝，伸缩缝间距不宜大于 8m，伸缩缝宽度宜为 5～10mm，伸缩缝设置应从找平层一直延伸至陶瓷大板表面断开，缝内宜采用改性硅烷密封胶或柔性装饰线条填充。

室外墙面和地面粘贴大规格陶瓷板也要设置伸缩缝，伸缩缝间距不宜大于 6m，伸缩缝宽度宜为 20mm，并从找平层一直延伸至饰面砖表面断开，缝内应采用柔性密封材料嵌缝，宜用改性硅烷密封胶。

5.5 砖缝的填充

首先应该清除瓷砖间缝中（特别是砖边上）的所有松散物质。如果瓷砖胶粘剂已挤入砖缝，也应进行部分清除。清除深度应该超过缝宽。最后用湿海绵抹去缝中的浮尘。

准备水泥基填缝剂时，应遵照生产商建议的比例先将所需清洁水量（或乳液量）放入干净的搅拌桶中。然后一边倒入填缝剂一边用机械搅拌器连续搅拌，直至取得均匀无结块的填缝剂。为了保证填缝剂的色彩统一，在一个连续的陶瓷砖饰面上的填缝剂必须严格用同一个比例（最好用同一批产品）。

应控制填缝剂的搅拌量，以使搅拌好的填缝剂能够在产品的存罐时间内使用掉。一旦超过存罐时间，填缝剂就会失效，应该弃用。掺水搅拌超过存罐时间的填缝剂会导致质量事故，应严格禁止。

填缝时应用硬橡胶抹子将搅拌好的填缝剂用力填满砖缝。抹子一般与砖缝成 45°的方向拉动，以利填缝剂进入砖缝。和易性较差时，可用抹子垂直于砖缝将填缝剂压入，如图 5-12 所示。

填缝剂的擦缝时间应根据施工现场的环境温度和湿度进行控制。对水泥基填缝剂（CG），可以根据填缝剂开始凝结（表面开始失水变硬）来判断。在此之前擦缝会擦掉填缝剂；擦缝太晚，则一旦（特别是双剂型的）填缝剂干硬就很难清理了。

擦缝应采用硬纤维海绵和清洁水。工作中，擦脏的海绵要经常用水清洗，循环重复直至陶瓷砖饰面完全清洁（图 5-13）。

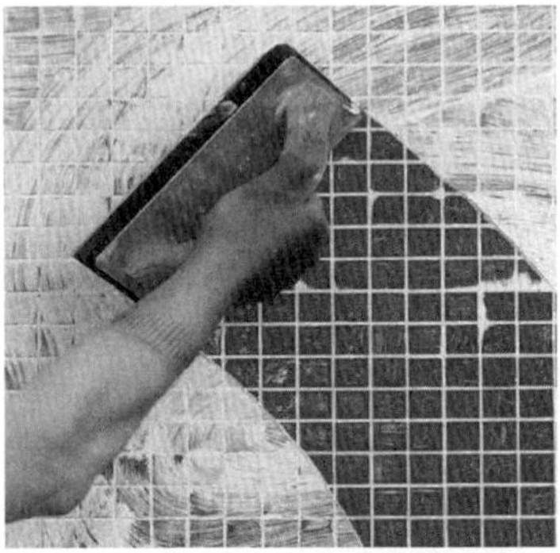

图 5-12　橡胶抹子填缝

图 5-13　湿海绵清理表面

清理好的陶瓷砖面应该立即摆放标志并进行隔离，以避免污染或扰动，直至填缝剂充分凝固和硬化后能够承受载荷。

上述方法是湿勾或称批缝。还有一种方法是干勾或喂缝，是指利用工具将干硬性填缝剂勾填到砖缝中，一般适用于表面不平整、不宜清洗的瓷砖（如劈开砖、砂岩等）。这样不易污染到砖面，等到填缝剂初凝时再用工具拉出平滑的砖缝。

干勾的缺点是施工效率低，填缝表面效果没有湿勾漂亮，优点是砖面干净整洁。湿勾的缺点是在瓷砖表面不光滑平整的情况下比较难清洗干净，优点是施工速度快、填缝效果优于干勾。

填好的陶瓷饰面接缝应连续、平直、光滑、填嵌饱满，宽度和深度应符合设计要求。

5.6 美　　缝

美缝是砖缝表面装饰和修饰。美缝的区域表面清洁非常重要，地面或墙面灰尘、水、油、其他杂物必须清除，确保瓷砖边没有黑色杂质，用吸尘器吸掉施工区域灰尘。缝深大于 2mm。

缝隙的清洁度对最终的施工效果起着重要作用，最直接的体现是出现黑边。黑边是美缝材料与砖接合部位的灰尘、水泥等未清洁干净导致的，如图 5-14 所示。黑边对美观、美缝的附着力影响较大，灰尘、水泥等隔离了美缝剂与瓷砖的结合，黑边会导致附着边下降或脱落。

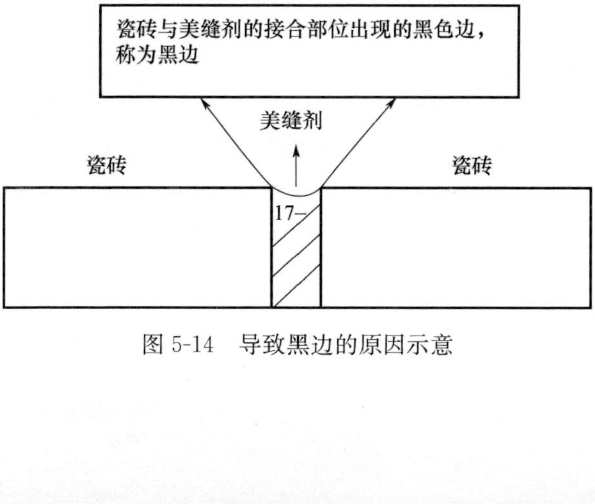

图 5-14　导致黑边的原因示意

施工前对不同瓷砖的表面处理一般有两种方法——清洁后贴美纹纸和打蜡或清洁膏（清洁膏或蜡不能抹到缝内）。使用双组分油性环氧美缝剂时，除抛光砖、抛釉砖以外，必须全部贴纸、打蜡或使用专用隔离膏施工，喷墨砖、瓷片、微晶石要特别注意。

5.6.1 粘接面的设计

粘接面的处理对于粘接性能起到决定性的作用，胶层深度不够、粘接面不合理等因素，直接导致瓷砖使用寿命缩短。

胶层厚度需大于 2mm，如图 5-15～图 5-17 所示。

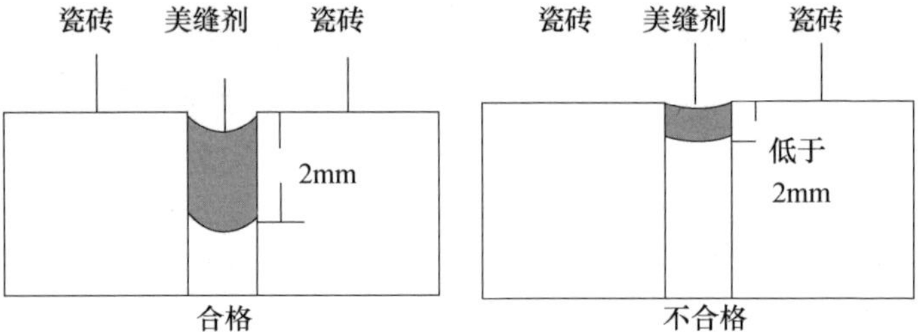

图 5-15　美缝所需预留厚度示意

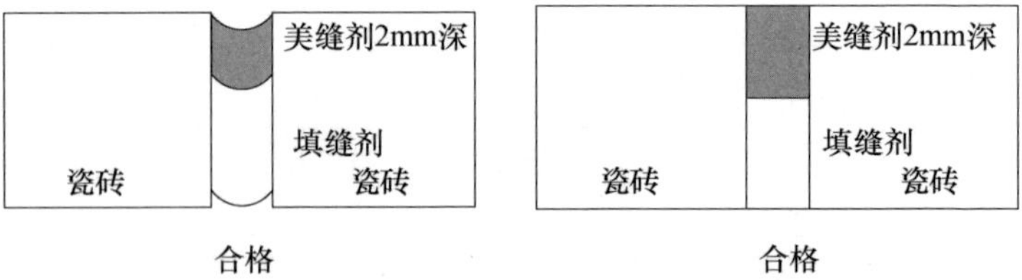

图 5-16　合格缝隙及美缝剂与填缝剂和瓷砖的粘接面

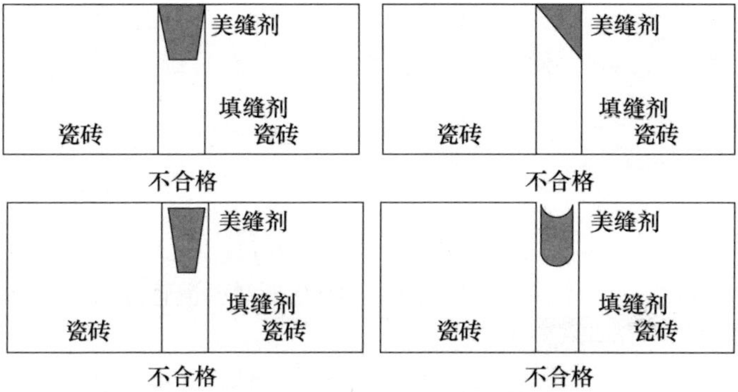

图 5-17 美缝剂与填缝剂和瓷砖的粘接面不合格

5.6.2 施胶

施胶前应检查胶的生产日期，避免过期；查看活塞 A/B 是否一样平（如 A/B 活塞出现高低不平，应取下前盖，用胶枪将活塞推平）；查看颜色是否正确。不得使用白瓶产品或三无产品。

装入胶枪应检查胶与胶枪是否平行，安装时应阅读胶枪使用说明，避免不当使用造成漏胶、混合不均匀或胶枪损坏。注意双组分胶枪应保证 A/B 受力均匀，前进同步，与包装瓶吻合，推荐使用助力胶枪。

将混合管切成 45°角，沿砖缝由里至外、由上向下均匀施胶，尽可能将胶填入缝中。

挤胶时应保持力度均匀，每扳动一次扳机，待出胶较慢时再扳动第二次扳机，避免连续扳动扳机导致压力过大出现漏胶等问题。

打胶后马上进行刮胶操作，用刮片或钢珠沿砖缝两侧来回刮动，收起过多溢出的胶补填不饱满的地方或抹在硬纸板上，收集在纸板上的胶在 5min 内可继续使用。具体应参照厂家的产品操作时间，务必在操作时间内完成刮胶美化工作。

美缝剂的黏度和触变性要适中，黏度太低会导致流胶或塌陷；黏度过高会使施工时胶难以挤入瓷砖缝中，导致胶层过薄。

5.6.3 刮胶

（1）直线：由里向外、由上向下进行刮胶美化（采用钢珠棒或刮片），确保将缝内的胶与溢出的胶完全分离开，避免粘连。

（2）十字：按图5-18所示的步骤进行刮胶美化（建议用钢制刮片）。

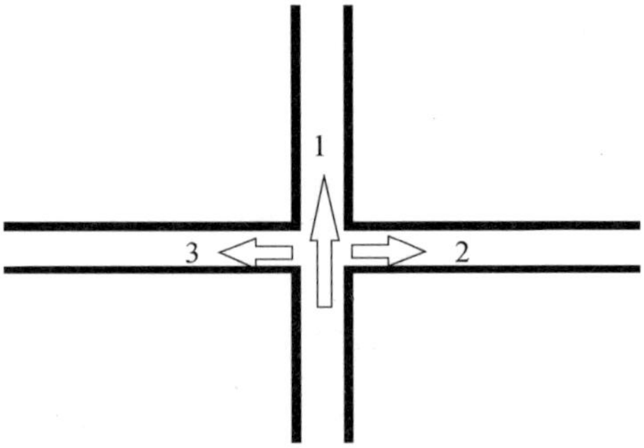

图5-18　十字刮胶示意

（3）拼花：用钢制刮片，方法与直线和十字相同。

（4）阴角收边：采用刮片施工，应朝一个方向，一次成形，将收尾收到不明显的地方。推荐采用刮片。

（5）阳角收边：采用阳角器进行刮胶，应朝一个方向，一次成形，将收尾收到不明显的地方。

（6）圆形收边：不需贴美纹纸，采用刮片或钢珠棒进行美化收边。注意从开始到结尾尽量一次成形。

5.6.4 不合格施工问题处理方法

（1）不合格问题及处理方式

① 材料混合不均匀或材料问题导致的不固化：铲除，用酒精清洗干净，重新施工。

② 材料下陷：用美工刀刮伤下陷面再打胶刮平。

③ 刮胶未完全分开：连接处太厚，铲掉重新施工；较薄可用美工刀削掉多余胶体。

④ 胶体凸起：铲掉重新施工。

⑤ 缝隙黑边：铲掉重新施工（如砖体自身原因则不用）。

⑥ 表面杂质：铲掉重新施工。

⑦ 起泡：铲除起泡处，重新施工。

（2）清除已固化材料的方法

① 加热：采用大功率工业热风枪，加热软化胶体，用铲刀慢慢清理掉。建议采用塑料焊接枪进行加热处理。（推荐）

② 切割（不提倡，有伤手、伤砖的危险）。

③ 使用钨钢类清缝工具。

④ 根据不同厂家材料性质不同而采取不同清除方法，详情参照厂家使用说明。

（3）清除未固化材料的方法

用刀片将未固化胶体刮干净，用工业酒精擦拭干净。

5.6.5 施工过程中应注意的事项

（1）混合搅拌：环氧类产品对混合比例及混合均匀度要求较高，产品在最佳的混合比例下达到最佳的固化效果，混合不均匀会产生固化不完全或反应过度，容易导致黄变、脱落、硬度不够等问题。

（2）漏胶：直接导致混合比例失调，产生不固化等问题。

（3）湿度过大：有明水或湿度过大会导致变色或粘接力下降、起泡等。

（4）灰尘过大：灰尘过大会导致粘接力下降或起泡。

（5）有油污：油污会导致粘接力下降。

（6）热胀冷缩：用于木材、人造石、铝合金等热胀冷缩严重的材料时应考虑基材本身原因导致的脱胶或开裂问题，尤其是人造石台面的橱柜，不建议采用高硬度的环氧类美缝剂进行美化。玻璃、镜子不得采用环氧类美缝剂封边。

（7）非陶瓷类背景墙应考虑热胀冷缩及铲胶问题。

（8）施工过程中不得将胶体污染在木制品（如门、柜子等）、沙发等上面，如污染到，必须马上擦拭清洁。

（9）施工过程中避免风扇直吹。

（10）金属铲刀等在陶瓷上留下的痕迹，可用风油精去除或使用专用清洁剂去除。

（11）刮胶后鼓泡：由灰尘、水汽、空气导致。

（12）地暖施工：有地暖的地面胶层必须保证有 2mm 以上的厚度。

（13）阳台或其他太阳直晒的地方不能使用油性环氧树脂类美缝剂。

（14）伸缩缝不能使用反应型环氧美缝剂。

（15）油性环氧特性决定受温度影响较大，因此在气温低于 15℃时，需对材料进行适当加热以增加操作性，一般可采用 40～60℃温水泡 10～15min（根据厂家产品性质不同以及季节不同）或采用专用加热箱进行加热，加热温度不宜过高，以免包装管受热变形导致漏胶。

（16）现场施工建议采用热水加热，水的传热相对均匀，建议采用“热得快”加热。加热时将胶水头部向下，水淹过胶水活塞部位即可，水不得淹到活塞。当加热到水开始冒热气即可关掉“热得快”。

5.7 伸缝/缩缝的设置

伸缩缝应严格按设计的位置和类型进行设置。建筑地面的沉降缝、伸缝、缩缝和防震缝应与结构相应缝的位置一致，且应贯通建筑地面的各构造层。

外墙粘贴瓷砖必须留缝，留缝宽度不能小于5mm。对于大尺寸面砖，需预留更大的砖缝；室内也需要预留缝，留缝宽度不宜小于3mm。无论是室外还是室内，都需要预留伸缩缝。室外一般每隔4～6m需预留伸缩缝，伸缩缝宽度不宜小于8mm；室内一般每隔8～10m需要设置伸缩缝，伸缩缝宽度不宜小于6mm。伸缩缝宽度因面材尺寸而有所不同。伸缩缝采用柔性密封材料进行处理，一般选用水泥基填缝剂，根据应用场合的各种因素决定选用相应柔性的填缝剂。

首先应找到需充填的伸缩缝，然后清除预留缝中所有不应存在（无论松散与否）的物质，最后用湿海绵抹去缝中的浮尘。充填时应严格遵照密封胶生产商的说明书操作，先将背衬条（或防粘带）安置到位（图5-19），确保余下的空间符合设计要求，宽度和深度均匀一致。

图5-19 安放背衬条

填入密封胶的方法，根据胶的稠度分为挤入法（图5-20）和注入法（图5-21）。前者（绝大部分）适用于稠度较高的产品，而后者适用于具有自流平性能的密封胶。特别是在采用挤入法时应循序渐进以防留下内部空腔。满填密封胶后应用适合的工具，在具体密封产品的修整时间内，将伸缩缝表面收平，如图5-22所示。在密封产品的表干时间后再除去缝隙两边的防护胶带，如图 5-23 所示。在密封胶充分固化前，要采取保护措施以防伸缩缝浸水或受到扰动。

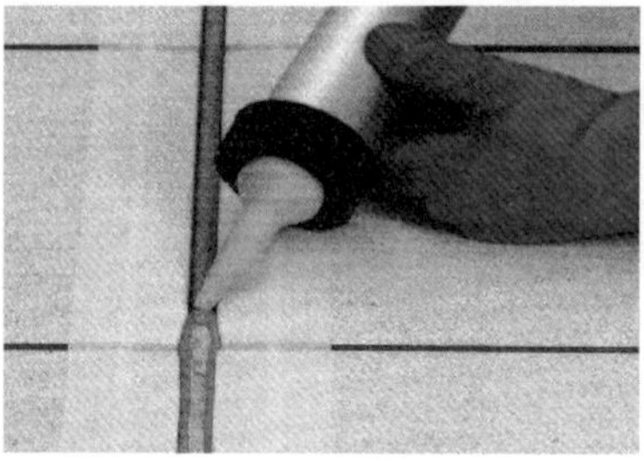

图 5-20　密封胶挤入法

图 5-21　密封胶注入法

图 5-22　表面收平

图 5-23　去掉防护胶带

5.8　完成工作面的保护

铺装完成后，整个区域都应该立即摆放标志进行隔离，以避免污染或扰动。

地面应该用干净的塑料布封闭，禁止通行 4d；后续 10d 也只允许步行载荷。墙面在 14d 之内不允许进行任何装修。

5.9　完工检查

（1）砖缝是否填满？

（2）砖面是否有残留物？

（3）砖色是否均匀？

（4）饰面样式是否与设计吻合？

（5）砖面的平整度是否超过 3mm/2m？

（6）相邻砖面的高度相差是否超过 1mm？

（7）在 1m 的观察距离外，是否可以发现任何砖面残缺、裂纹？

（8）在金属棒敲击下，饰面系统是否有空鼓现象？

6 工程验收

6.1 一般规定

陶瓷饰面砖粘贴分项工程应在基层质量验收合格后进行，施工过程中应及时进行质量检查、隐蔽工程验收和检验批验收，施工完成后应进行分项验收。

陶瓷饰面用于外墙外保温系统时，其型式检验报告中应包括与外墙外保温系统配套进行的安全性和耐候性检验。

陶瓷饰面分项工程的抗震缝、沉降缝、伸缩缝等部位的处理应保证缝的使用功能和饰面的完整性。

陶瓷饰面分项用于室内装饰装修工程时，室内环境质量应符合《民用建筑工程室内环境污染控制标准》（GB 50325—2020）中规定的技术要求。

有特殊要求的陶瓷饰面分项工程，分项验收时应按合同约定补充检测相关技术指标。

未经验收合格的陶瓷饰面分项工程不得投入使用。

（1）文件和记录

陶瓷饰面分项工程验收时应提交并检查下列文件和记录：

① 陶瓷饰面工程的施工图、设计说明、设计变更、洽商记录等；

② 饰面砖的产品合格证、型式检验报告和进场复验报告；

③ 抹灰、地面、防水、粘结、填缝砂浆的产品合格证和说明书，型式检验报告，进场复验报告；

④ 后置埋件的现场拉拔检测报告；饰面砖样板件的粘结

强度检验报告；

⑤ 施工技术交底文件；

⑥ 基层验收记录；

⑦ 隐蔽工程验收记录；

⑧ 样板件的施工检查记录；

⑨ 施工过程自检评定记录。

文件和记录的检查应符合下列要求：

① 全部文件应经过整理，规范、完整；

② 饰面砖和抹灰、地面、防水、粘结、填缝等砂浆的型式检验、进场复验结果均应符合现行有关标准规范的技术要求。

（2）复验项目与指标

陶瓷饰面工程应对下列材料及其性能指标进行复验：

① 外墙陶瓷饰面砖的尺寸、表面质量、吸水率、寒冷及严寒地区外墙陶瓷砖的抗冻性；

② 室内用花岗石和瓷质饰面砖的放射性；

③ 抹灰砂浆的抗压强度、保水率、拉拔粘结强度、寒冷及严寒地区外墙抹灰材料的抗渗性；

④ 地面砂浆的抗压强度；

⑤ 胶粘剂的晾置时间、拉伸粘结原强度、横向变形、润湿性；

⑥ 水泥基粘结材料与所用外墙饰面砖的拉伸粘结强度；

⑦ 填缝剂的抗压原强度、抗折原强度、收缩值；

⑧ 建筑密封胶的弹性回复率、定伸原粘结性、质量损失率（或体积变化率）；

⑨ 埋件的拉拔力。

（3）检验批

检验批应按下列规定划分：

相同材料、工艺和施工条件的室内陶瓷饰面工程每 50 间

（大面积房间和走廊按施工面积 $30m^2$ 为一间）应划分为一个检验批，不足 50 间也应划分为一个检验批。

相同材料、工艺和施工条件的室外陶瓷饰面工程每层高应划分为一个检验批；若层高超过 4m，每 4m 高应划分为一个检验批；若检验批面积超过 $500m^2$，每 $500m^2$ 划分为一个检验批。

（4）检查数量

检查数量应符合下列规定：

室内每个检验批应至少抽查 10%，并不得少于 3 间；不足 3 间时应全数检查。

室外每个检验批每 $100m^2$ 应至少抽查一处，每处不得少于 $10m^2$；每批应至少检查 3 处，每处检查长度约 3m；梁、柱等部位应全部进行纵向和横向贯通检查。

（5）检查记录与合格判定

检验批的质量验收应按《建筑工程施工质量验收统一标准》（GB 50300—2013）进行检验批的合格判定并应符合下列规定：

① 抽查样本均应符合《建筑装饰装修工程质量验收标准》（GB 50210—2018）主控项目的规定。

② 抽查样本的 80%以上应符合《建筑装饰装修工程质量验收标准》（GB 50210—2018）一般项目的规定，其余样本不得有影响使用功能或明显影响装饰效果的缺陷。其中有允许偏差的检验项目，其最大偏差不得超过《建筑装饰装修工程质量验收标准》（GB 50210—2018）规定允许偏差的 1.5 倍。

6.2 地面陶瓷砖粘贴分项工程的质量验收

（1）主控项目

饰面砖的品种、规格、图案、颜色和性能应符合设计要求，另应有放射性限量合格的检测报告。

检验方法：观察；检查产品合格证书、进场验收记录、型式检测报告和复验报告。

检查数量：按进场批次，每批随机抽取 3 个试样进行检查；质量证明文件应按照其出厂检验批进行核查。

地面陶瓷饰面粘贴工程的找平、防水、粘贴和填缝砂浆及施工方法应符合设计要求及国家现行产品标准和工程技术标准的规定。

检验方法：检查产品合格证书、复验报告和隐蔽工程验收记录。

陶瓷饰面砖粘贴必须牢固，不得出现空鼓、裂缝。

检验方法：检查施工记录；观察；陶瓷砖粘贴效果检查用棒（空鼓锤）轻轻拉过饰面层，探测粘贴效果（是否有空鼓），如图 6-1 所示。

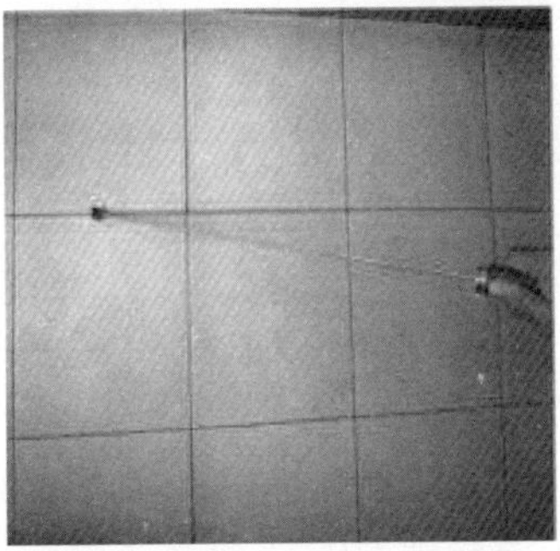

图 6-1　空鼓锤检查空鼓

（2）一般项目

饰面砖、踢脚线表面应平整、洁净、色泽均匀，无裂痕、变色、泛碱和缺损。

检验方法：观察。

面层邻接处的镶边用料及尺寸应符合设计要求，边角整齐、光滑。

检验方法：观察；尺量检查。

楼梯踏步和台阶板块缝隙宽度应一致，齿角整齐；楼层梯段相邻踏步高度差不应大于 10mm。

检验方法：观察；尺量检查。

地面面层表面的坡度应符合设计要求，不倒泛水，无积水；与地漏、管道结合处应严密牢固，无渗漏。

检验方法：观察；泼水或用坡度尺及蓄水等方式检查。

地面陶瓷饰面砖粘贴的允许偏差和检验方法应符合表 6-1 的规定。

表 6-1　地面陶瓷饰面砖粘贴的允许偏差和检验方法

项　目	允许偏差（mm）	检验方法
表面平整度	2.0	用 2m 靠尺和楔形塞尺检查
阴阳角方正	2.0	用直角检测尺检查
缝格平直	3.0	拉 5m 线和用钢尺检查
接缝高低	0.5	用钢尺和楔形塞尺检查
板块间隙宽度	2.0	用钢尺检查
踢脚线上口平直度	3.0	拉 5m 线和用钢尺检查
踢脚线出墙厚度一致	2.0	用 2m 靠尺和楔形塞尺检查
楼梯踏步和台阶板块的缝隙宽度偏差	2.0	用钢尺检查

（3）验收记录

按附录 2 表 2 的格式记录，各检验批的质量均应达到相关的规定。

6.3 墙面陶瓷饰面砖粘贴分项工程的质量验收

适用于内墙陶瓷饰面粘贴工程和高度不大于100m、抗震设防烈度不大于8度、采用满粘法施工的外墙饰面砖粘贴工程的质量验收。

（1）主控项目

饰面砖的品种、规格、图案、颜色和性能应符合设计要求。

检验方法：观察；检查产品合格证书、进场验收记录、性能检验报告和复验报告。

检查数量：按进场批次，每批随机抽取3个试样进行检查；质量证明文件应按照其出厂检验批进行核查。

墙面陶瓷饰面粘贴工程的抹灰、防水、粘贴和填缝砂浆及施工方法应符合设计要求及国家现行产品标准和工程技术标准的规定。

检验方法：检查产品合格证书、复验报告和隐蔽工程验收记录。

陶瓷饰面砖粘贴必须牢固，不得出现空鼓。

检验方法：检查样板件粘结强度检测报告和施工记录；观察；用检查棒（空鼓锤）轻轻拉过饰面层，探测粘贴效果（是否有空鼓）。

（2）一般项目

饰面砖表面应平整、洁净、色泽均匀，无裂痕、变色、泛碱和缺损。

检验方法：观察。

阴阳角处搭接方式、非整砖使用部位应适宜或符合设计要求。

检验方法：观察。

墙面突出物周围的饰面砖应整砖套割吻合，边缘应整齐，缝隙应符合要求；墙裙、贴脸等突出墙面的厚度应一致。

检验方法：观察；尺量检查。

饰面砖接缝应平直、光滑，填嵌应连续、密实；颜色、宽度、深度和断面形状等应符合设计要求。

检验方法：观察；尺量检查。

窗台、檐口、装饰线、雨篷、阳台、落水口和女儿墙压顶等有排水要求的部位应做滴水线（槽）。滴水线（槽）应顺直，流水坡向应正确，坡度应符合设计要求。

检验方法：观察；用水平尺检查。

墙面陶瓷饰面砖粘贴的允许偏差和检验方法应符合表 6-2 的规定。

表 6-2　墙面陶瓷饰面砖粘贴的允许偏差和检验方法

项　目	允许偏差（mm）	检验方法
立面垂直度	2.0	用 2m 垂直检测尺检查
表面平整度	1.5	用 2m 靠尺和塞尺检查
墙裙、贴脸等突出墙面厚度	3.0	用 2m 靠尺和塞尺检查
阴阳角方正	2.0	用直角检测尺检查
接缝直线度	2.0	拉 5m 线，<5m 拉通线用钢直尺检查
墙裙、贴脸上口平直度	2.0	拉 5m 线，<5m 拉通线用钢直尺检查
接缝高低差	0.5	用钢直尺和塞尺检查
接缝宽度	1.0	用钢直尺检查

（3）验收记录

按主管单位要求，使用专用表格进行记录。各检验批的质量均应符合相关规定。

7 安全生产与职业健康

建筑装饰装修工程的固定性决定了施工的流动性；建筑装饰装修工程的单件性，使施工作业形式多样，手工作业和湿作业多。同时，建筑装饰装修工程的实际施工作业人员一直处在工作场所动态调整的不稳定状态中。

建筑装饰装修工程项目施工涉及的内部专业多、外联单位多，不同施工单位对职业健康安全与环境管理的费用投入不一致，不符合职业健康安全与环境管理有关规定的现象时有发生。

装饰装修环境污染因素多，导致施工现场的安全生产与职业健康管理比较复杂。

为了确保装饰装修工程中镶贴工的安全和职业健康，需要施工人员了解建筑装饰装修工程中的危险源，并有一定的辨识能力，能进行基本的风险评估和了解必要的控制措施，以消除或尽可能减少建筑装饰装修镶贴施工中健康安全危险源和降低其他相关方面的风险。

7.1 装饰装修镶贴的安全生产

7.1.1 装饰装修镶贴施工中的安全生产管理

建筑施工企业在安全管理中必须坚持树立“安全第一、预防为主、综合治理”的安全管理意识，认真贯彻国家和上级劳动保护、安全生产主管部门颁发的有关安全生产的政策和条例，严格执行有关劳动保护的法规、条例、规定，完善安全生产组织管理体系和检查体系，加强装饰装修施工中的安全管理。

（1）建立装饰装修镶贴施工安全管理目标

依据工程项目所制定的安全管理总目标，制定项目中装饰装修镶贴施工安全管理目标。安全管理目标应包括生产安全事故控制指标、安全生产隐患治理目标，以及安全生产、文明施工管理目标等，并且安全生产管理目标应量化。

装饰装修镶贴施工安全管理目标应分解到各管理层及镶贴工班组，并制定定期考核制度，以保证项目安全管理目标的实现。

如某施工项目安全总目标设定为：杜绝重大安全事故；无重大人身伤亡事故；施工人员轻伤的负伤频率控制在1‰；新工人上岗安全教育培训率达100%；劳动防护用品配备和正确使用率达100%。相对应的装饰装修镶贴施工安全目标设定为：无重大安全事故；无重大人身伤亡事故；无施工人员轻伤；新工人上岗安全教育培训率达100%；劳动防护用品配备和正确使用率达100%。

（2）装饰装修镶贴施工安全管理的主要内容

① 制定现场安全政策

根据项目安全管理总政策制定装饰装修镶贴施工安全管理政策。安全政策的制定必须有效并有明确目标。目标要结合现有人力、物力、财力资源的有效利用，并减少发生经济损失和承担责任的风险。

② 建立健全安全管理组织体系

安全管理的实施依赖于合理完善的组织结构和系统，项目需建立合理完善的组织结构体系。人员到位、责任落实到位是保证安全政策顺利实施、安全目标顺利实现的前提。

③ 制定安全生产管理计划和组织实施

计划和实施的目标是最大限度地减少装饰装修镶贴施工中的事故损失。计划和实施的重点是：使用风险管理的方法来确定清除危险和规避风险的目标以及应该采取的步骤和先后顺序，建立相关的标准和规范操作。

④ 施工现场安全管理业绩考核

项目应采用一系列自我监控的技术，用于判断控制风险的措施成功与否，包括对设备、材料、人员、程序、系统以及个人行为的检查进行评价。

⑤ 安全管理业绩总结

项目通过对过去资料和数据进行分析和总结，以达到规范和约束的目的，使施工中的安全管理不断得到持续改进。

7.1.2　装饰装修镶贴施工中的安全生产控制

（1）装饰装修镶贴施工安全控制基本要求

① 项目管理人员必须具备相应的职业资格才能上岗。

② 所有进入施工现场的施工人员必须进行三级安全教育，并进行安全生产法规和制度教育、安全知识教育、事故典型案例教育。

a. 项目级教育：施工项目情况和现场安全文明管理要求教育；本项目的安全生产保证体系教育；持证上岗和特种作业人员管理要求教育；安全生产管理要求和管理制度教育；防火、防触电、防中毒、防事故教育；项目施工安全要求和注意事项教育。

b. 班组级教育：本班组的施工情况和安全要求教育；安全操作规程（定）和安全责任制教育；易发生事故点和有毒有害地方教育；应急、排险、自我保护要求和技能教育。

c. 转场教育：施工项目情况和现场安全文明管理要求教育；本项目的安全生产保证体系教育；安全生产管理要求和管

理制度教育；项目施工安全要求和注意事项教育。

d. 变换工种岗位教育：本班组的施工情况和安全要求教育；安全操作规程（定）和安全责任制教育；易发生事故点和有毒有害地方教育；应急、排险、自我保护要求和技能教育。

e. 岗位教育：持证上岗要求和定期复审教育；特种作业人员的操作和防护教育；危险情况下的处置要求教育。

（2）装饰装修镶贴施工安全控制程序

① 确定项目安全目标，按“目标管理”方法，在以项目经理为首的项目管理系统内进行分解，确定每个岗位的安全目标，实现全员安全控制。

② 编制项目施工安全技术措施计划，对镶贴施工中的不安全因素，用技术手段加以消除和控制，并用文件化的方式表示。

③ 项目安全技术措施的落实和实施：建立健全安全生产责任制，设置安全生产设施，进行安全教育和培训，沟通和交流信息，通过安全控制使生产作业的安全状态处于受控状态。

④ 项目安全技术措施计划的验证：包括安全检查、纠正不达标情况、做好检查记录。

⑤ 持续改进，直到完成施工项目的所有工作。

7.1.3 装饰装修镶贴施工安全危险源控制

危险源是指可能导致人员伤害或致病、物质财产损失、工作环境破坏的情况或这些情况组合的根源或状态因素。

（1）装饰装修镶贴施工重大危险源辨识

通过装饰装修施工现场危险物质及其临界量标准，确定哪些是可能发生事故的潜在危险源。

（2）装饰装修镶贴施工中重大危险源评价

① 辨识装饰装修镶贴施工中危险因素及其他因素与机制。

② 依次评估已辨识的危险事件发生的概率。

③ 评估危险事件发生的后果。

(3) 风险控制

即将上述评估结果与安全目标值进行比较，检查风险值是否达到了可接受水平，否则需要进一步采取措施，降低危险水平。

(4) 装饰装修镶贴施工重大危险源管理

针对每一个重大危险源制定出相应的一套严格管理制度，通过技术措施和组织措施对重大危险源进行严格控制和管理。

7.1.4 装饰装修镶贴施工中安全生产事故预防措施

(1) 预防物体打击

做好班前安全交底，严格按照安全操作规程作业。

① 进入现场作业的工人，要熟知本工种的安全技术操作规程，操作中要坚守工作岗位，严禁串岗串位。

② 进入施工现场，必须规范地佩戴安全帽、穿安全鞋，高处及临边作业必须规范地佩戴安全带，严禁酒后作业。

③ 作业人员操作过程中，着装必须整齐，严禁光脚、穿拖鞋、穿高跟鞋及赤膊上岗，上下楼层必须走安全通道，严禁攀附外脚手架及龙门架等上下。

④ 上下交叉作业应避免在同一垂直面上操作，严禁从上往下抛掷物体，严禁将作业工具和其他物件散落在架体上。

⑤ 施工现场脚手架、防护设施、安全标志和警示牌，不得擅自“拆动”，需要“拆动”的，要经施工技术人员同意，并设置警戒区域，在有人监护条件下进行。高处拆除作业时，拆下来的物料、建筑垃圾要及时清理，不得在走道上任意堆放或向下丢弃。

⑥ 施工机械和电气设备进场必须严格验收，经调试和试运行正常后，方可正式使用，严禁带病运转。电气设备和线路

必须绝缘良好，电线不得与金属物绑在一起，各种电动机具必须按规定接零接地，并设置单一开关。

⑦ 现场临时设施布置必须整齐有序，间距必须满足防火要求，灭火器具必须配置齐全。

⑧ 施工作业常用工具必须放在工具袋内，不准往下或向上乱抛材料和工具等物件。所有物料应堆放平稳，不得放在临边及洞口附近，不可放在有碍通行的部位。

（2）预防高空坠落

① 做好班前安全交底，严格按照安全操作规程作业。

② 进入施工现场的人员要戴好安全帽；高处作业人员必须系好安全带；高处作业点的下方必须设置安全网。

③ 临边、洞口防护。大部分工地均设有临边和洞口防护栏、防护盖板，但经常存在不够规范、易被挪动或效果不佳等问题。因此，在施工现场必须做好各项临边、洞口的防护。

④ 架子把住 10 道关。脚手架是建筑施工人员进行高处作业及垂直运输的设施，若脚手架发生故障，会造成人员伤亡的重大事故。因此，对脚手架必须认真把好 10 道关：材质关、尺寸关、铺板关、拦护关、连接关、承重关、上下关、雷电关、挑梁关、检验关。

⑤ 屋面顶棚有措施。在顶棚和轻型屋面上作业、行走十分危险，必须在上面搭垫板或下方铺设安全网。

⑥ 梯子牢固又坚固。因梯子而发生的高处坠落事故较多，因此要求：梯子要牢；踏步 30～40cm；与地面夹角 60°～70°；底脚要有防滑措施；顶端捆扎牢固或设专人扶梯。

（3）预防触电伤害

① 一切线路敷设必须按用电安全技术规程进行，按规范保持安全距离，距离不足时，应采取有效措施进行隔离防护。

② 非电工严禁“接拆”电气线路、插头、插座、电气设备、电灯等。

③ 根据不同的环境，正确选用相应额定值的安全电压作为供电电压。

④ 带电体之间、带电体与地面之间、带电体与其他设施之间、工作人员与带电体之间必须保持足够的安全距离，距离不足时，应采取有效的措施进行隔离防护。

⑤ 在有触电危险的场所或容易产生误判断的地方，以及存在不安全因素的现场，设置醒目的文字或图形标志，提醒人们识别、警惕危险因素。

⑥ 采取适当的绝缘防护措施将带电导体围护或隔离起来，使电气设备及线路能正常工作，防止人身触电。

⑦ 采取适当的保护接地措施，将电气装置中平时不带电但可能因绝缘损坏而有带电危险的对地电压的外露导电部分（设备的金属外壳或金属结构）与大地连接，以防触电的危险。

⑧ 施工现场供电必须采取 TN-S 的三相五线的保护接零系统，把工作零线和保护零线区分开，通过保护接零作为防止间接触电的安全技术措施。

⑨ 采用保护接零的系统，总电房配电柜两侧做重复接地，配电箱（二级）及开关箱（三级）均应做重复接地，其工作接地装置必须可靠，接地电阻值≤4Ω。

⑩ 电动设备和机具实行“一机一闸一漏一箱”，严禁一闸多机，严禁用铜丝或铁丝代替保险丝。按规定选用合格的漏电保护装置并定期进行检验。

（4）预防机械伤害

① 按照《施工临时用电安全技术规范》（JGJ 46—2005）的要求做好各类电动机械和手持电动工具的接地或接零保护，防止漏电发生。

② 各种机械的传动部分必须要有防护罩和防护套。

③ 机械在运转中不得进行维修、保养、紧固、调整等作业。

④ 使用砂轮机、切割机时，操作人员必须戴防护眼镜。严禁用砂轮切割 22 号钢筋扎丝。

⑤ 加工机械周围的废料必须随时清理，保持脚下清，防止被废料绊倒发生事故。

⑥ 机械的各种安全防护装置及监测、指示、报警、保险、信号装置应完好齐全，有缺损时应及时修复。安全防护装置不完整或已失效的机械不得使用。

⑦ 禁止在设备转动时从靠背轮或齿轮上取下防护罩及其他防护装置。对于正在转动的机器，不准装卸和校正皮带。

⑧ 操作人员的工作服扣上纽扣和袖口，长头发要盘在头顶并戴上固定头发的帽子，以防人员在操作中触及转动部分，绞卷手指、头发和衣服。

⑨ 在操作转动机械设备时，严禁用手扶持加工件或戴手套操作。

⑩ 砂轮机、切割机等应有现场操作规程，并应挂在操作人员容易观看的地方。操作人员必须按照操作规程进行操作。

⑪ 对机械进行清理等维护工作，必须遵守停机断电挂标志牌制度，禁止在运行中清扫、擦拭和润滑机器的旋转和移动的部分，以及把手伸入栅栏或防护罩内。擦拭运转中机器的固定部分时，不准把抹布缠在手上或手指上使用，不准戴手套。

⑫ 在转动设备完全停止以前，不准进行修理工作。修理中的设备应做好防止转动的安全措施。如：切断电源；切断风源、水源、气源；所有有关闸板、阀门等应关闭；上述地点都挂上警示牌。必要时还应采取可靠的制动措施。检修工作负责人在工作前，必须对上述安全措施进行检查，确认无误后方可开始工作。

（5）预防火灾、烧伤

① 加强易燃易爆品管理，设备拆除的易燃包装物及时回收，定点管理，周围设置警示牌，配备消防器材，并由专人负

责管理。

② 使用、保管化学易燃、易爆品的设备和容器必须符合防火、防爆要求，凡能产生静电引起燃烧、爆炸的物品，必须有导电设备。

③ 动用在 45℃ 燃点以下的化学易燃物品，操作人员必须严格遵守操作规程和各项制度，落实防燃措施。

④ 对易燃、易爆物品和剧毒物品，必须由懂得其性能的人负责管理，并做到经常检查。

⑤ 氧气瓶、乙炔瓶、氩气瓶必须设防震圈，必须有防倾倒支架。

⑥ 氧气、乙炔房设专人管理，周围 10m 内严禁明火。

7.1.5 装饰装修镶贴施工中安全施工注意事项

由于建筑施工中人员流动大、露天和高处作业多，像抹灰工、瓦工、混凝土工、架子工等仍以手工操作为主，劳动繁重，体力消耗大，再加上光线、雨雪、风霜、雷电等作业环境恶劣，导致操作人员注意力不集中或由于心情烦躁违章操作的现象十分普遍，不安全因素随形象进度的变化而改变，每个月、每天甚至每小时都在变化，给安全防护带来诸多困难。为避免建筑施工五大主要伤害的发生，施工人员要从安全、经济、技术、质量的全局出发，在国家和行业法律、法规、标准的指导下，编写施工安全技术措施，针对建筑工程施工过程中可能发生的事故隐患和可能发生安全问题的环节进行预测，从而在技术上和管理上采取措施，消除或控制施工过程中的不安全因素，防范事故的发生。

施工安全技术措施是施工组织设计的重要组成部分，是具体安排和指导工程安全施工的安全管理与技术文件，是工程施工中安全生产的指令性文件，在施工现场管理中具有安全生产法规的作用。

施工现场是建筑行业生产建筑产品的场所，为了保证施工过程中施工人员的安全和健康，应注意建立施工现场的安全规定、安全操作知识以及安全措施。

（1）建立健全施工现场的安全规定

① 悬挂标牌与安全标志。施工现场的入口处应当设置“九牌三图”；在场区有高处坠落、触电、物体打击等危险部位应悬挂安全标志牌。

② 施工现场四周用硬质材料进行围挡封闭，在市区内其高度不得低于1.8m，场内的地坪应当硬化处理，道路应当坚实畅通。施工现场应当保持排水系统畅通，不得随意排放。各种设施和材料的存放应当符合安全规定和施工总平面图的要求。

③ 施工现场的孔、洞、口、沟、坎、井以及建筑物临边应当设置围挡、盖板和警示标志，夜间应当设置警示灯。施工现场的各类脚手架（包括操作平台及模板支撑）应当按照标准进行设计，采用符合规定的工具和器具，按专项安全施工组织设计搭设，并用绿色密目式安全网封闭。

④ 施工现场的用电线路、用电设施的安装和使用应当符合临时用电规范和安全操作规程，并按照施工组织设计进行架设，严禁随意拉线接电。施工单位应当采取措施控制污染，做好施工现场的环境保护工作。

⑤ 施工现场应当设置必要的生活设施，并符合国家有关卫生规定要求，应当做到生活区与施工区、加工区的分离。

⑥ 进入施工现场，必须佩戴安全帽，攀登与独立悬空作业系安全带。

（2）施工过程中的安全操作知识

施工现场的施工队伍中有两类人员参加施工，一类是管理人员，包括项目经理、施工员、技术员、质检员、安全员等；另一类是操作人员，包括瓦工、木工、钢筋工等各工种人员。管理人员在任何情况下，不应为了抢进度而忽视安全规定，指挥工人冒险作业。操作人员应通过三级教育、安全技术交底和每日的班前活动，掌握保护自己生命安全和健康的知识和技能，杜绝冒险蛮干，做到不伤害自己、不伤害别人，也不被别人伤害。各类人员除做到不违章指挥、不违章作业以外，还应熟知以下建筑施工安全的特点。

① 安全防护措施和设施要不断地补充和完善。随着建筑物从基础到主体结构的施工，不安全因素和不安全隐患也在不断地变化和增加，这就需要及时地针对变化了的情况和新出现的隐患采取措施进行防护，以确保安全生产。

② 在有限的空间交叉作业危险因素多。在施工现场的有限空间里集中了大量的机械、设施、材料和人。随着在建工程形象进度的不断变化，机械与人、人与人之间的交叉作业就会越来越频繁，因此，受到伤害的机会是很多的，这就需要建筑工人加强安全意识，掌握安全生产方面的法律、法规、规范、标准知识，杜绝违章施工、冒险作业。

（3）施工现场安全措施

① 进行安全目标管理，控制伤亡事故指标。施工现场安全达标，施工期间达到《建筑施工安全检查标准》（JGJ 59—2011）的要求。

② 文明施工，制定施工现场全工期内总体和分阶段的目标，并将责任分解落实到人，制定考评办法，奖优罚劣。

③ 在工程施工期间，施工现场都能做到地坪硬化、场区绿化、五小设施（办公室、宿舍、食堂、厕所、浴室）卫生化、材料堆放标准化等文明施工的标准。

④ 安全技术交底。任何一项分部分项工程在施工之前，工程技术人员都应根据施工组织设计的要求，编写有针对性的安全技术交底，由施工员对班组工人进行交底。

⑤ 接受交底的工人，听过交底后，应在交底书上签字。

⑥ 安全标志。在危险处，如起重机械、临时用电设施、

脚手架、出入通道口、楼梯口、电梯井口、孔洞口、桥梁口、隧道口、基坑边缘、爆破物及有害危险气体和液体存放处等，都必须按规定悬挂醒目的安全标志牌。

⑦ 季节性施工。建筑施工是露天作业，受到天气变化的影响很大，因此，在施工中要针对季节的变化制定相应的施工措施，主要包括雨期施工和冬期施工。高温天气应采取防暑降温措施。

⑧ 尘毒防治。建筑施工中主要有水泥粉尘、电焊锰尘及油漆涂料等有毒气体的危害，随着工艺的改革，有些尘毒危害已经消除。如实施商用混凝土以后，水泥污染正在消除。其他的尘毒应采取措施治理。施工单位应向作业人员提供安全防护用具和安全防护服装，并书面告知危险岗位的操作规程和违章操作的危害。

⑨ 作业人员应当遵守安全施工的强制性标准、规章制度和操作规程。

⑩ 建筑施工安全技术措施。除以上进入现场的安全规定外，还有地面及深基坑作业的防护；高处及立体交叉作业的防护；施工用电安全；机械设备的安全使用；采用新工艺、新材料、新技术、新结构，要制定专门的安全措施；预防因自然灾害诱发事故的措施；防火防爆措施。

7.2 装饰装修镶贴工的职业健康

（1）装饰装修镶贴工职业健康安全管理体系要求

装饰装修镶贴工职业健康安全管理体系是一种现代安全生产管理模式，是为了将安全生产管理在内的所有生产经营活动科学化、规范化和法制化，目标之一是将组织的职业健康安全管理由被动强制行为转变为主动自愿行为，提高职业健康安全管理水平。

装饰装修镶贴工职业健康安全管理体系运行模式如图 7-1 所示。

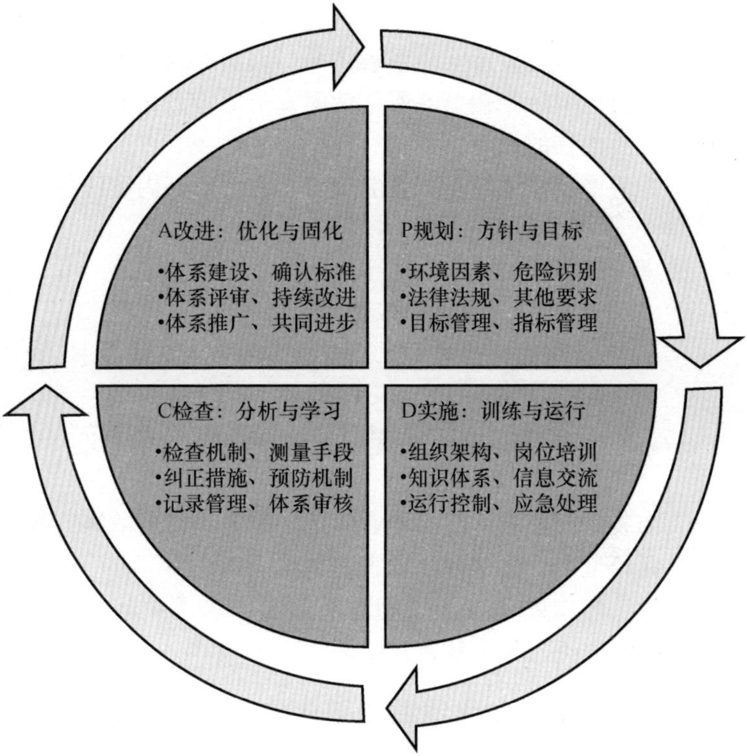

图 7-1 装饰装修镶贴工职业健康安全管理体系运行模式

职业健康安全管理体系的运行模式：方针、目标、规划（P）—职责、运行、实施（D）—监测、检查、审核（C）—评审、纠正、改进（A）。它是通过“要求要做好”“承诺要做好”“计划要做好”“执行已做到”“保证能做到”“证明已做好”等过程，去实现“想做好”“真去做”“已做好”的管理功能，最终达到消除或减轻安全卫生风险（生命与健康风险）的目标。

（2）职业健康安全管理体系是指建立职业健康安全方针和目标以及实现这些目标所制定的一系列相互联系或相互作用的要素。

（3）建立职业健康安全管理体系，以消除或尽可能降低可能暴露于与组织活动相关的职业健康安全危险源中的员工和其他相关方所面临的风险。

（4）装饰装修镶贴工职业健康安全方针，其内容应包含：

① 人身伤害和健康损害的预防；

② 职业健康安全管理的持续改进；

③ 职业健康安全绩效的持续改进；

④ 遵守适用法律法规要求及组织应遵守的其他要求。

7.3 装饰装修镶贴工主要职业病防范

装饰装修镶贴施工主要职业病危害因素：粉尘危害、噪声危害、高温危害、化学毒物危害、其他因素危害等。

装饰装修镶贴施工主要职业病类型：水泥尘肺、电焊尘肺、接触性皮炎、噪声致聋、中暑。

7.3.1 装饰装修镶贴工职业病预防

（1）作业场所防护措施

① 各项目部应根据企业的具体情况识别、确定职业病危害种类，制定相应的防治措施。

② 在确定的职业危害作业场所的醒目位置设置职业病危害警示标志。

③ 施工现场在进行石材切割加工、建筑物拆除等有大量粉尘作业时，应配备有效的降尘设施和设备，对施工地点和施工机械进行降尘。

④ 在地下室等封闭的作业场所进行防水作业时，要采取强制性通风措施，配备行之有效的通风设备，并派专人进行巡视。

⑤ 对从事高危职业危害作业的人员，工作时间应严格加以控制，并有针对性的急救措施。

(2) 防护措施

① 为有效防止职业病对作业人员造成人身伤害，从管理上明确职能部室及施工现场管理人员多级责任制，分清在职业病预防上的岗位职责。

② 加强对施工作业人员的职业病危害教育，定期组织培训教育，提高对职业病危害的认识，了解其危害，掌握职业病防治的方法。

③ 施工现场做封闭式施工，用高度不低于2m的围挡将现场四周围起来。

④ 施工现场材料堆放整齐（散材成堆，型材成垛）。

⑤ 现场临时仓库内各种袋（桶、箱）装材料码放成垛，小型材料上架存放。

⑥ 接触粉尘作业的施工作业人员，在施工中应尽量降低粉尘的浓度，采取不断喷水的措施降低扬尘，并正确佩戴防尘口罩。

⑦ 从事防水作业、喷漆作业的施工人员应严格按照操作规程进行施工，施工前要检查作业场所的通风是否畅通、通风设施是否运转正常，作业人员在施工作业中要正确佩戴防毒口罩。密闭空间内进行防水、喷漆作业容易导致一氧化碳中毒，如防护用具不能正常发挥作用，必须立即撤离现场至通风处，并通知施工现场其他人员在确保自身安全的前提下对该场所进行通风；若已出现中毒症状，应立即报告项目部进行处理；慢性中毒症状不易被发现，对从事此类作业的施工人员每半年要组织一次体检，若发现职业病症状，立即通知本人并调离岗

位，采取必要的治疗措施。

⑧ 电气焊作业操作人员在施工中应注意施工作业环境的通风或设置局部排烟设备，使作业场所空气中的有害物质浓度控制在国家卫生标准之下，在难以改善通风条件的作业环境中操作时，必须佩戴有效的防毒面具和防毒口罩。

⑨ 进行噪声较大的施工作业时，施工人员要正确佩戴防护耳罩，并减少噪声作业的时间。如因进行强噪声作业导致头晕、耳鸣等症状，应立即停止作业并通知其他人员进行治疗，症状严重者报应急救援小组送至医疗机构进行治疗。每半年进行一次体检。

⑩ 施工中所使用的加工设备要设置除尘装置，清运垃圾必须喷洒后方可用提升机或封闭专用垃圾道运输，严禁从窗口倾倒垃圾。细散颗粒材料的装卸运输必须遮盖，现场专用道路要经常喷洒水，把粉尘污染降低到最低限度。长期在高密度粉尘环境作业的施工人员必须佩戴防护口罩、帽子及其他必需的个人防护用品，防止吸入有毒灰尘。

⑪ 长期从事高温作业的施工人员应减少工作时间，注意休息，保证充足的饮用水，并佩戴好防护用具。

⑫ 从事职业危害作业的职工应按照职业病防治法的规定定期进行身体健康检查，检查结果应告知本人，体检报告存入档案。

（3）安全检查措施

① 施工部除进行日常的检查外，每年还定期组织其他部门进行联合检查，包括普遍检查、专业检查和季节性检查，这几种检查可以结合进行。

② 开展安全生产检查，必须有明确的目的、要求和具体计划，并且必须建立由项目经理负责、有关人员参加的安全生产检查组织，以加强领导。

③ 安全生产检查应该始终贯彻领导与群众相结合的原则，

依靠群众，边检查，边改进，并且及时地总结和推广先进经验。有些限于物质技术条件当时不能解决的问题，也应该制定计划，按期解决。

7.4 环境保护控制

建筑施工企业应提高环境保护意识，加强现场环境保护，做到和谐健康发展。

7.4.1 环境管理体系要求

(1) 环境管理体系运行模式

环境管理体系运行模式与职业健康安全管理体系运行模式相同，同样按照规划（P）—实施（D）—检查（C）—改进（A）四个阶段有效结合进行控制。

(2) 装饰装修镶贴环境管理目标的设定

根据工程项目设定的年度总目标，各分项工程逐层分解，确保环境管理目标的实现。

(3) 装饰装修镶贴施工环境影响因素的识别和评价

装饰装修镶贴施工应从噪声控制、粉尘排放、有毒有害物质排放、废水排放、固体废物处置、潜在的火灾爆炸和能源浪费等方面着手进行环境影响因素的识别。

装饰装修镶贴施工应根据环境影响的规模、严重程度、发生频率、持续时间、社区关注度和法规规定的情况对识别出的环境影响因素进行分析和评价，找出对环境有重大影响或潜在重大影响的重要环境影响因素，采取切实可行的措施进行控制，减少有害环境影响，降低工程建造成本，提高环保效益。

(4) 装饰装修镶贴施工现场环境保护

① 施工现场必须建立环境保护、环境卫生管理和检查制

度，并做好相应检查记录。

② 对装饰装修镶贴工种作业人员的教育培训、考核应包括环境保护、环境卫生等有关法律、法规的内容。

③ 尽量避免或减少施工过程中的光污染，夜间室外照明灯应加设灯罩，透光方向集中在施工范围。

④ 现场使用后污水经沉淀处理二次使用或排入市政污水管网，现场施工泥浆、污水未经处理不得直接排入城市排水设施和河流、湖泊。

⑤ 装饰装修镶贴施工产生的固体废物应在项目所在地县级以上地方人民政府环卫部门申报登记、分类存放，对于产生的建筑垃圾和生活垃圾应与项目所在地垃圾消纳中心签署环保协议，及时清运处置，有毒有害废物应运送到专门的有毒有害废物中心消纳。

⑥ 装饰装修镶贴施工中拆除建筑物、构筑物，应采取隔离、洒水等措施，并在规定期限内将废弃物清理完毕，建筑物内的施工垃圾应采用相应容器或管道运输，严禁抛掷。

7.4.2 装饰装修镶贴施工环境保护要点

（1）预防噪声污染措施

预防噪声污染除执行项目编制的《噪声排放管理方案》各项规定外，还应执行下列预防措施：

① 噪声排放较大的机械作业应远离居民区，多种机械作业时间应尽量错开。

② 装饰装修镶贴施工尽量使用低噪声、低振动的机具，采取隔声与隔振措施，避免或减少噪声和振动，物料装卸时应轻拿轻放。

③ 拉运镶贴建筑垃圾的机动车辆进出施工现场应禁止鸣笛。

（2）预防粉尘污染措施

① 在凿空开槽时要预先对作业现场进行洒水湿润处理。

② 对运送施工后的建筑垃圾材料的车辆，必须采取措施封闭严密，保证车辆清洁。

③ 对易于产生扬尘的堆放材料应采取覆盖措施，对粉末状材料应封闭存放。

④ 构筑物拆除前，做好扬尘控制计划，可采取清理积尘、拆除洒水、设置隔挡等措施。

（3）预防固体废物措施

① 把好质量关、提高合格品率是减少固体废物的最好方法。

② 合理利用材料，套材下料，减少材料损耗，从而减少固体废物。

③ 作废的材料要尽可能地进行综合利用，能回收的尽量回收，加强建筑垃圾的回收再利用。

④ 对最终产生的固体废物，按照规定封存、堆放和封闭，运出场外。

⑤ 装饰装修镶贴施工产生的建筑垃圾及时袋装化、及时清运，对建筑垃圾进行分类，并收集到施工现场指定垃圾堆放处，集中运出。

（4）预防水污染及节水措施

① 施工现场应针对不同的污水设置相应的处理设施，如沉淀池、隔油池等。

② 保护地下水环境，现场施工用水尽量少用地下水。

③ 装饰装修镶贴施工机具、设备、车辆冲洗用水必须设置循环用水装置。

④ 施工现场建立可再利用水的收集处理系统，使水资源得到梯级循环利用。

⑤ 现场办公区、生活区的生活用水采用节水系统和节水器具，提高节水器具的配置比例。

7.5　绿色施工

绿色施工作为建筑全寿命周期中的一个重要阶段，是实现建筑领域资源节约和节能减排的关键环节。绿色施工是指工程建设中，在保证质量、安全等基本要求的前提下，通过科学管理和技术进步，最大限度地节约资源并减少对环境负面影响的施工活动，实现节能、节地、节水、节材和环境保护（“四节一环保”）。实施绿色施工，应依据因地制宜的原则，贯彻执行国家、行业和地方相关的技术经济政策。

绿色施工应是可持续发展理念在工程施工中全面应用的体现，绿色施工并不仅仅是指在工程施工中实施封闭施工，没有尘土飞扬，没有噪声扰民，在工地四周栽花、种草，实施定时洒水等这些内容，还包括减少场地干扰，尊重基地环境，结合气候施工，节约水、电、材料等资源或能源，环保健康的施工工艺，减少填埋废弃物的数量，以及实施科学管理、保证施工质量等。它同绿色设计一样，涉及可持续发展的各个方面，如生态与环境保护、资源与能源利用、社会与经济发展等。真正的绿色施工应当是将“绿色方式”作为一个整体运用到施工中去，将整个施工过程作为一个微观系统进行科学的绿色施工组织设计。

绿色施工原则如下：

（1）减少场地干扰，尊重基地环境

① 如何在满足施工、设计和经济方面要求的前提下，尽量减少清理和扰动的区域面积，尽量减少临时设施、减少施工用管线。

② 场地内哪些区域将被用作仓储和临时设施建设，如何

合理安排承包商、分包商及各工种对施工场地的使用，减少材料和设备的搬动。

（2）结合气候施工

① 安排好全场性排水、防洪，减少对现场及周边环境的影响。

② 施工场地布置应结合气候，符合劳动保护、安全、防火的要求。

③ 在冬期、雨期、风季、炎热夏季施工中，应针对工程特点，尤其是对混凝土工程、土方工程、深基础工程、水下工程和高空作业等，选择适合的季节性施工方法或有效措施。

（3）绿色施工要求节水、节电、环保

建设项目通常要使用大量的材料、能源和水资源。减少资源的消耗，节约能源，保护水资源，提高效益是可持续发展的基本观点。绿色施工中资源（能源）的节约主要有以下几方面内容：

① 水资源的节约利用。通过监测水资源的使用，安装小流量的设备和器具，在可能的场所重新利用雨水或施工废水等措施来减少施工期间的用水量，降低用水费用。

② 节约电能。通过监测利用率，安装节能灯具和设备，利用声光传感器控制照明灯具，采用节电型施工机械，合理安排施工时间等降低用电量，节约电能。

③ 减少材料的损耗。通过更仔细的采购、合理的现场保管、减少材料的搬运次数、减少包装、完善操作工艺、增加摊销材料的周转次数等降低材料在使用中的消耗，提高材料的使用效率。

④ 可回收资源的利用。可回收资源的利用是节约资源的主要手段，也是当前应重点考虑的方向。主要体现在两个方面：一是使用可再生的或含有可再生成分的产品和材料，这有助于将可回收部分从废弃物中分离出来，同时减少了原始材料

的使用，即减少了自然资源的消耗；二是加大资源和材料的回收利用、循环利用，如在施工现场建立废物回收系统，再回收或重复利用在拆除时得到的材料，这可减少施工中材料的消耗量或通过销售来增加企业的收入，也可降低企业运输或填埋垃圾的费用。

（4）减少环境污染，提高环境品质

工程施工中产生的大量灰尘、噪声、有毒有害气体、废物等会对环境品质造成严重的影响，也将有损于现场工作人员、使用者以及公众的健康。因此，减少环境污染，提高环境品质也是绿色施工的基本原则。提高与施工有关的室内外空气品质是该原则的最主要内容。施工过程中，扰动建筑材料和系统所产生的灰尘，从材料、产品、施工设备或施工过程中散发出来的挥发性有机化合物或微粒均会引起室内外空气品质问题。这些挥发性有机化合物或微粒会对健康构成潜在的威胁和损害，需要特殊的安全防护。这些威胁和损伤有些是长期的，甚至是致命的。而且在建造过程中，这些空气污染物也可能渗入邻近的建筑物，并在施工结束后继续留在建筑物内。这种影响尤其对那些需要在房屋使用者在场的情况下进行施工的改建项目更需引起重视。常用的提高施工场地空气品质的绿色施工技术措施可能有：

① 制定有关室内外空气品质的施工管理计划。

② 使用低挥发性的材料或产品。

③ 安装局部临时排风或局部净化和过滤设备。

④ 进行必要的绿化，经常洒水清扫，防止建筑垃圾堆积在建筑物内，储存好可能造成污染的材料。

⑤ 采用更安全、更健康的建筑机械或生产方式，如用商品混凝土代替现场搅拌混凝土，可大幅度地消除粉尘污染。

⑥ 合理安排施工顺序，尽量减少一些建筑材料，如地毯、顶棚饰面等对污染物的吸收。

⑦ 对施工时仍在使用的建筑物而言，应将有毒的工作安排在非工作时间进行，并与通风措施相结合，在进行有毒工作时以及工作完成以后，用室外新鲜空气对现场通风。

⑧ 对施工时仍在使用的建筑物而言，将施工区域保持负压或升高使用区域的气压有助于防止空气污染物污染使用区域。

对噪声的控制也是防止环境污染，提高环境品质的一个方面。当前我国已经出台了一些相应的规定对施工噪声进行限制。绿色施工也强调对施工噪声的控制，以防止扰民。合理安排施工时间，实施封闭式施工，采用现代化的隔离防护设备，采用低噪声、低振动的建筑机械（如无声振捣设备等）是控制施工噪声的有效手段。

（5）实施科学管理，保证施工质量

实施绿色施工，必须实施科学管理，提高企业管理水平，使企业从被动适应转变为主动响应，使企业实施绿色施工制度化、规范化。这将充分发挥绿色施工对促进可持续发展的作用，增强绿色施工的经济性效果，提高承包商采用绿色施工技术的积极性。企业采取措施通过 ISO 14001 认证是提高企业管理水平、实施科学管理的有效途径。

实施绿色施工，要采取尽可能减少场地干扰、提高资源和材料利用效率、增加材料的回收利用等手段，但采用这些手段的前提是确保工程质量。好的工程质量，可延长项目寿命，降低项目日常运行费用，利于使用者的健康和安全，促进社会经济发展，本身就是可持续发展的体现。

附录1 术　　语

B

• 保水性 Water Retention：指砂浆拌合物保持水分不易析出，从而较好地保证水化完成的程度和砂浆耐久性的性质。

• 背衬条 Backer rod：自由状态下断面呈圆形、具有闭孔结构、经表面防粘处理的条状永久弹性材料。用于填充在伸缩缝底部以支承密封胶；控制密封胶的宽厚比；保证密封胶仅与伸缩缝两边而不与底部粘接。

• 标筋：在抹灰施工中，为保证平整度，隔一定的距离做一道标高线。同“冲筋”。

• 表干时间 Tack-free Time（GB/T 14682—2006）：密封胶表面失去黏性，使灰尘不再黏附其上的时间。

• 表面平整度 Surface Flatness：建筑表面的质量指标之一。一般用在给定长度检测直尺下的缝隙宽度来表示。

• 聚丙烯酸酯胶乳 Acrylate Ether Latex：丙烯酸酯与其他不饱和单体经乳液共聚制得的胶乳。

• 薄贴法 Thin-bed Method：仅在基层单面批刮胶粘剂，用齿形抹刀形成有凸起条纹且厚度均匀的粘结层，在粘结层表面结皮前将陶瓷砖粘贴在粘结层上的施工工法。

C

• 材料变化区缝：基层材料显著变化部位（如黏土空心砖和混凝土剪力墙）两边对内部载荷的反应不一，会有相对变形。

• 冲筋：墙面抹灰面积大时，一般在抹灰前用砂浆在墙上按一定间距做出小灰饼，然后按小灰饼继续用砂浆做出一条或几条灰筋（一般间距1～2m），以控制抹灰厚度及平整度。

• 稠度 Consistency：砂浆的稀稠程度。砂浆中加水太多就变稀，抹涂时砂浆易流淌；砂浆中加水过少就变稠，抹涂时砂浆不易抹平。

• 垂直度 Plumpness：建筑表面的质量指标之一。一般用给定长度检测直尺与铅垂线间的最大缝隙宽度来表示。

• 瓷质砖 Porcelain Tile（GB/T 4100—2015）：吸水率 $E \leqslant 0.5\%$ 的陶瓷砖。

D

• 丁苯胶乳 Stvrene-butadiene Rubber Latex：丁二烯、苯乙烯经乳液共聚制得的胶乳。

• 定伸粘结性 Tensile Properties at Maintained Extension（GB/T 14682—2006）：密封胶在给定伸长状态下，与给定基材的粘结性能。

• 断裂模数 Modulus of Rupture（GB/T 3810.4—2016）：破坏强度除以沿破坏断裂面的最小厚度的平方得出的量值。

• 地面用水泥基自流平砂浆 Cementitious Self-levelling Mortar（JC/T 985—2017）：由水泥基胶凝材料、细骨料、填料及添加剂等组成，与水搅拌后具有流动性或稍加辅助性铺摊就能流动找平的地面用材料。

F

• 反应型树脂胶粘剂 Reaction Resin Adhesive（JC/T 547—2017）：由合成树脂、矿物填料和添加剂组成的单组分或多组分混合物，通过化学反应固化的胶粘剂，拌和均匀后使用。

• 反应型树脂填缝剂 Reaction Resin Grout（JC/T 1004—2017）：由合成树脂、骨料、有机和无机外加剂等组成的混合物，通过化学反应而硬化。产品可以是单组分或多组分。

• 防粘带 Bond-breaker Tape：在伸缩缝深度不足时用以代替背衬条的单面自粘胶带。粘贴在伸缩缝底部以支承密封胶；保证密封胶仅与伸缩缝两边而不与底部粘接。

• 分割缝：大面积的陶瓷饰面系统必须用伸缩缝分割成可以控制应力水平的区间。

• 分项工程：施工图预算中最基本的计算单位。它是按照不同的施工方法、不同材料的不同规格等，将分部工程进一步划分的。

• 辐射采暖地坪 Heated Flooring：在地坪层内铺设低温热水管道、电阻丝网或其他热能转换单元，通过加热整个地坪层均匀地向室内辐射散热的一种供暖方式。

G

• 干混地面砂浆 Screed Mortar：用于建筑物地面或屋面找平层的干混砂浆。

• 干混抹灰砂浆 Plastering Mortar：用于建筑物立面整平的干混砂浆。

• 干混砂浆 Dry-mixed Mortar（GB/T 25181—2019）：胶凝材料、干燥细骨料、添加剂以及根据性能确定的其他组分，按一定比例，在专业生产厂经计量、混合而成的混合物，在使用地点按规定比例加水或配套组分拌和使用。

• 干压砖 Dry-pressed Tile（GB/T 4100—2015）：将混合好的粉料经压制成型的陶瓷砖。

• 膏状乳液基胶粘剂 Dispersion Adhesive（JC/T 547—2017）：由水性聚合物乳液、添加剂和矿物填料等组成的有机黏合剂，拌和后可直接使用。

• 隔离层 Isolating Course：防止建筑地面上各种液体或地下水、潮气渗透地面等作用的构造层；当仅防止地下潮气透过地面时，可称作防潮层。

• 工作尺寸 Work Size（GB/T 4100—2015）：按制造结果而确定的陶瓷砖尺寸，实际尺寸与其之间的差应在规定的允许偏差之内。工作尺寸包括长、宽、厚。

• 广场砖 Plaza Stone：用于铺砌广场及道路的陶瓷砖。

H

• 横向变形 Transverse Deformation（JC/T 547—2017）：承受三点载荷的条状硬化胶粘剂出现破损时对中心的最大位移。

• 滑移 Slip（JC/T 547—2017）：陶瓷砖在梳理好的胶粘剂层垂直面上的向下滑动。

J

• 基层 Substrate（GB 50210—2018）：直接承受装饰装修施工的面层。

• 基体 Primary Structure（GB 50210—2018）：建筑物的主体结构或围护结构。

• 挤出性 Extrudabilitv（GB/T 14682—2006）：用挤枪施工密封材料时挤出的难易程度。

• 挤压砖 Extruded Tile（GB/T 4100—2015）：将可塑性坯料以挤压方式成型生产的陶瓷砖。

• 建筑地面 Building Ground（GB 50209—2010）：建筑物底层地面和楼（层地）面的总称，包括面层、结合层、填充层、隔离层、绝热层、找平层、垫层和基土等。

• 建筑密封材料 Sealing Material（GB/T 14682—2006）：能承受接缝位移以达到气密、水密目的而嵌入建筑接缝中的材料。

• 建筑陶瓷 Building Ceramic：由黏土和其他无机非金属原料，经成型、烧结等工艺处理，用于房屋、建筑物内外地面和墙壁，起保护、装饰作用的制品。

• 建筑装饰装修 Building Decoration（GB 50210—2018）：为保护建筑物的主体结构、完善建筑物的使用功能和美化建筑物，采用装饰装修材料或饰物，对建筑物的内外表面及空间进行的各种处理过程。

• 结构缝 Structural Joint：大型结构都设有结构伸缩缝、结构沉降缝和结构抗震缝。

• 结构伸缩缝 Structural Movement Joint：是指为防止建筑物构件由于气候温度变化（热胀、冷缩），使结构产生裂缝或破坏而沿房屋长度方向的适当部位竖向设置的一条构造缝。伸缩缝是将基础以上的建筑构件如墙体、楼板、屋顶（木屋顶除外）等分成两个独立部分，使建筑物沿长度方向可做水平伸缩。

• 结构沉降缝 Structural Settlement Joint：为避免地基不均匀沉降而引起墙身开裂，须按墙高和地基性质的变异设置沉降缝。同时，为防止圬工砌体因结硬收缩和温度变化而产生裂缝，须设置伸缩缝。这两种缝一般都合并设置，统称沉降伸缩缝。

• 结构抗震缝 Structural Seismic Joint：它的设置目的是将大型建筑物分隔为较小的部分，形成相对独立的防震单元，避免因地震造成建筑物整体震动不协调而产生破坏。

• 金属幕墙 Curtain Wall：是将玻璃幕墙中的玻璃更换为金属板材的一种新型的建筑幕墙形式，但由于面材的不同，两者之间又有很大的区别，所以设计施工过程中应对其分别进行考虑。

• 聚合物修补砂浆 Polymer Modified Repair Mortar：聚

合物修补砂浆是一种既具有高分子材料的粘接性，又具有无机材料耐久性的新型混凝土修补砂浆。其抗压强度高，固化迅速，粘接性能好；有很好的保水性能和抗裂性，高耐碱性，耐紫外线；操作简便，可于潮湿基层施工，健康环保；使施工步骤变得简单、方便，耐久性与混凝土同步，缩短工期，可确保经济性。

• 建筑陶瓷薄板 Ceramic Sheet Board（JGJ/T 172—2012）：由黏土和其他无机非金属材料经成型、高温烧结等生产工艺制成的厚度不大于6mm、面积不小于1.62m^2、最小单边长度不小于900mm的板状陶瓷制品。

K

• 可用时间 Pot Life（JC/T 1004—2017）：以填缝剂拌和好后到能够使用的最大时间间隔。

L

• 晾置时间 Open Time（JC/T 547—2005）：在基面涂胶后至粘贴的陶瓷砖可达到规定的拉伸黏结强度的最大时间间隔。

M

• 密封胶 Sealant（GB/T 14682—2006）：以非成型状态嵌入接缝中，通过与接缝表面粘结而密封接缝的材料。

• 抹灰砂浆：用于房屋建筑的墙面整平的各种砂浆。英文分为内墙抹灰砂浆（Plastering Mortar）和外墙抹灰砂浆（Rendering Mortar）。

N

• 耐磨性 Abrasion Resistance（JC/T 1004—2017）：填缝

剂表面抵抗磨损的能力。

• 凝结时间 Setting Time：从水泥加水拌和至水泥浆开始失去塑性的时间，称为初凝时间。从水泥加水拌和至水泥浆完全失去塑性并开始具有硬度的时间，称为终凝时间。

P

• 批缝工法：用硬橡胶抹子将搅拌好的填缝剂用力填满砖缝。

• 破坏强度 Breaking Strength（GB/T 3810.4—2016）：破坏荷载乘以两根支撑棒之间的跨距与试样宽度的比值而得出的力。

Q

• 清洁时间 Cleaning Time（JC/T 1004—2017）：从陶瓷砖填缝后至开始清洁砖面之间的时间间隔。

• 轻钢龙骨隔墙 Liqhtweiqht Metal-stud Partition Wall：采用热镀锌薄壁型钢作为支撑体系，两侧固定面板。面板材料有纸面石膏板、纤维水泥加压板、加压低收缩硅酸钙板、纤维石膏板、粉石类硅酸钙板等。

• 轻质隔墙板隔墙 Liqhtweiqht Panel Partition Wall：用增强水泥空心条板、增强石膏空心条板、轻质混凝土空心条板、粉煤灰泡沫水泥空心条板构成的隔墙。

R

• 人造木板 Wood Based Panel：以木材或其他非木材植物为原料，经一定机械加工分离成各种单元材料后，施加或不施加胶粘剂和其他添加剂胶合而成的板材或模压制品。

S

• 邵氏硬度 Shore Hardness：硬度是对物质受压变形程度

或抗刺穿能力的一种物理度量单位。常用的硬度有肖氏（也叫邵氏、邵尔）、洛氏、布氏三种。

• 湿膨胀 Moisture Expansion（GB/T 3810.10—2016）：将砖浸入沸水加热使膨胀加速发生的膨胀比。

• 炻瓷砖 Stoneware Porcelain Tile（GB/T 4100—2015）：0.5%<吸水率 $E \leqslant 3\%$的陶瓷砖。

• 炻质砖 Stoneware Tile（GB/T 4100—2015）：6%<吸水率 $E \leqslant 10\%$的陶瓷砖。

• 熟化时间 Maturing Time（JC/T 547—2017）：水泥基胶粘剂从加水拌和到可以使用的时间。

• 水泥基胶粘剂 Cementitious Adhesive（JC/T 547—2017）：由水硬性胶凝材料、集料、添加剂等组成的粉状混合物，使用时需与水或其他液体混合物拌和。

• 水泥基填缝剂 Cementitious Grout（JC/T 1004—2017）：由水硬性胶凝材料、矿物集料、有机和无机外加剂等组成的混合物。

T

• 弹性恢复率 Elastic Recovery（GB/T 14682—2006）：密封胶在释去引起变形的外力后，完全或者部分地恢复原来形状和尺寸的性能。

• 陶瓷锦砖 Ceramic Mosaic Tile（百度百科）：用于装饰与保护建筑物地面及墙面的由多块小砖拼贴成联的陶瓷砖（也称马赛克）。

• 陶瓷砖 Ceramic Tile（GB/T 4100—2015）：由黏土、长石和石英为主要原料制造的用于覆盖墙面和地面的板状或块状建筑陶瓷制品。

• 陶质砖 Fine Earthenware Tile（GB/T 4100—2015）：吸水率 $E > 10\%$的陶瓷砖。

• 填缝剂 Tile Grout：所有适用于填充墙地砖间接缝的材料。

W

• 喂缝工法 Pointing Method：用专门的工具将填缝剂直接填压到陶瓷砖接缝中，而不与砖面接触。

X

• 吸水量 Water Absorption（JC/T 1004—2017）：填缝剂棱柱体试件一个端面与水接触时，由于毛细管作用而吸收的水量。

• 细炻砖 Finc Stoneware Tile（GB/T 4100—2015）：3%＜吸水率 $E \leqslant 6\%$的陶瓷砖。

• 下垂度 Slump（GB/T 14682—2006）：密封胶从垂直面的接缝中流出的程度。

• 现浇混凝土墙 Cast-situ Concrete Wall：采用现场浇筑混凝土的施工方法浇筑的混凝土墙。

• 线性热膨胀 Linear Thermal Expansion：亦称线胀系数，指固体物质的温度每改变 1℃时，其长度的变化和它在0℃时长度之比。

• 修整时间 Tooling Time（GB/T 14682—2006）：密封胶施工后可对密封胶进行修整的时间。

Y

• 验收 Acceptance（GB 50300—2013）：建筑工程质量在施工单位自行检查合格的基础上，由工程质量验收责任方组织，工程建设相关单位参加，对检验批、分项、分部、单位工程及其隐蔽工程的质量进行抽样检验，对技术文件进行审核，并根据设计文件和相关标准以书面形式对工程质量是否达到合格做出确认。

• 一般项目 General Item（GB 50300—2013）：除主控项目以外的检验项目。

• 应力放散区缝 Stress-releasinq Movement Joint：在基层显著改变方向的部位（如墙外角、游泳池底变坡处）附近必须设置伸缩缝，以避免应力在方向改变线上集中释放，造成大位移。

• 釉裂 Craze（GB/T 3810.11—2016）：仅在釉层上出现微细裂纹，坯体并未开裂。

Z

• 找平层 Screed：在结构工程交付基体上起整平、找坡或加强作用的构造层。

• 纸面石膏板 Gypsum Plasterboard：以建筑石膏为主要原料，掺入适量轻集料、纤维增强材料和外加剂，构成芯材，并与护面纸牢固地粘结在一起的建筑板材。如掺入耐水外加剂和采用耐水护面纸，或以无机耐火纤维为增强材料制成的建筑板材则分别称为耐水纸面石膏板或耐火纸面石膏板。

• 周边缝 Peripheral Movement Joint：陶瓷砖饰面系统与阻碍物（如墙、柱、管、坎、天花板等）相交处应设置隔离缝以允许应力释放。

• 主控项目 Dominant Item（GB 50300—2001）：建筑工程中对安全、节能、环境保护和主要使用功能起决定性作用的检验项目。

附录 2　现场验收记录

附表 1　隐蔽工程验收记录表

第　页/共　页

<table>
<tr><td>工程名称</td><td></td><td>项目经理</td><td></td></tr>
<tr><td>分项工程名称</td><td></td><td>专业工长</td><td></td></tr>
<tr><td>隐蔽工程项目</td><td colspan="3"></td></tr>
<tr><td>施工单位</td><td colspan="3"></td></tr>
<tr><td>施工标准名称及编号</td><td colspan="3"></td></tr>
<tr><td>施工图名称及编号</td><td colspan="3"></td></tr>
<tr><td>隐蔽工程部位</td><td>质量要求</td><td>施工单位
自查记录</td><td>监理（建设）单位
验收记录</td></tr>
<tr><td></td><td></td><td></td><td></td></tr>
<tr><td></td><td></td><td></td><td></td></tr>
<tr><td></td><td></td><td></td><td></td></tr>
<tr><td></td><td></td><td></td><td></td></tr>
<tr><td></td><td></td><td></td><td></td></tr>
<tr><td>施工单位
自查结论</td><td colspan="3">施工单位项目技术负责人：
年　月　日</td></tr>
<tr><td>监理（建设）单位
验收结论</td><td colspan="3">监理工程师（建设单位项目负责人）
年　月　日</td></tr>
</table>

检验批的质量验收记录由施工项目专业质量检查员填写，监理工程师（建设单位项目专业技术负责人）组织项目专业质量检查员等进行验收，并按附表2记录。

附表2　检验批质量验收记录表

工程名称		分项工程名称		验收部位	
施工单位		专业工长		项目经理	
施工执行标准名称及编号					
分包单位		分包项目经理		施工班组长	
	质量验收规范的规定		施工单位检查评定记录		监理（建设）单位验收记录
主控项目	1				
	2				
	3				
	4				
	5				
	6				
一般项目	1				
	2				
	3				
	4				
施工单位检查结果评定	项目专业质量检查员 年　月　日				
监理（建设）单位验收结论	监理工程师 （建设单位项目专业技术负责人） 年　月　日				

分项工程质量应由监理工程师（建设单位项目专业技术负责人）组织项目专业技术负责人等进行验收，并按附表 3 记录。

附表 3　分项工程质量验收记录表

<table>
<tr><td colspan="2">工程名称</td><td colspan="2"></td><td>结构类型</td><td></td><td>检验批数</td><td></td></tr>
<tr><td colspan="2">施工单位</td><td colspan="2"></td><td>项目经理</td><td></td><td>项目技术负责人</td><td></td></tr>
<tr><td colspan="2">分包单位</td><td colspan="2"></td><td>分包单位负责人</td><td></td><td>分包项目经理</td><td></td></tr>
<tr><td>序号</td><td colspan="2">检验批
部位、区段</td><td colspan="3">施工单位
检查评定结果</td><td colspan="2">监理（建设）单位
验收结论</td></tr>
<tr><td>1</td><td></td><td></td><td></td><td colspan="2"></td><td></td><td></td></tr>
<tr><td>2</td><td></td><td></td><td></td><td colspan="2"></td><td></td><td></td></tr>
<tr><td>3</td><td></td><td></td><td></td><td colspan="2"></td><td></td><td></td></tr>
<tr><td>4</td><td></td><td></td><td></td><td colspan="2"></td><td></td><td></td></tr>
<tr><td>5</td><td></td><td></td><td></td><td colspan="2"></td><td></td><td></td></tr>
<tr><td>6</td><td></td><td></td><td></td><td colspan="2"></td><td></td><td></td></tr>
<tr><td>7</td><td></td><td></td><td></td><td colspan="2"></td><td></td><td></td></tr>
<tr><td>8</td><td></td><td></td><td></td><td colspan="2"></td><td></td><td></td></tr>
<tr><td>9</td><td></td><td></td><td></td><td colspan="2"></td><td></td><td></td></tr>
<tr><td>10</td><td></td><td></td><td></td><td colspan="2"></td><td></td><td></td></tr>
<tr><td>11</td><td></td><td></td><td></td><td colspan="2"></td><td></td><td></td></tr>
<tr><td>12</td><td></td><td></td><td></td><td colspan="2"></td><td></td><td></td></tr>
<tr><td>13</td><td></td><td></td><td></td><td colspan="2"></td><td></td><td></td></tr>
<tr><td colspan="2">检查结论</td><td colspan="2">项目专业技术负责人：
年　月　日</td><td colspan="2">验收结论</td><td colspan="2">监理工程师：
（建设单位项目专业技术负责人）
年　月　日</td></tr>
</table>

附录 3　相关技术标准

贴砖工程的各种材料（墙地砖、胶粘剂、填缝剂）标准

GB 175—2007 硅酸盐水泥、普通硅酸盐水泥

HG/T 3075—2003 胶粘剂产品包装、标志、运输和贮存的规定

GB 6566—2010 建筑材料放射性核素限量

GB/T 9776—2008 建筑石膏

GB 18583—2008 室内装饰装修材料 胶粘剂中有害物质限量

GB 18582—2020 建筑用墙面涂料中有害物质限量

GB 50037—2013 建筑地面设计规范

GB 50325—2020 民用建筑工程室内环境污染控制标准

GB/T 3810—2016 陶瓷砖试验方法

GB/T 4100—2015 陶瓷砖

GB/T 7697—1996 玻璃马赛克

GB/T 14683—2017 硅酮和改性硅酮建筑密封胶

GB/T 14684—2011 建设用砂

GB/T 16422.3—2014 塑料 实验室光源暴露试验方法 第 3 部分：荧光紫外灯

GB/T 17671—1999 水泥胶砂强度检验方法（ISO 法）

GB/T 23266—2009 陶瓷板

GB/T 23445—2009 聚合物水泥防水涂料

GB/T 25181—2019 预拌砂浆

GB/T 35609—2017 绿色产品评价 防水与密封材料
HJ/T 412—2007 环境标志产品技术要求 预拌混凝土
HJ 2541—2016 环境标志产品技术要求 胶粘剂
JC 1066—2008 建筑防水涂料中有害物质限量
JC/T 456—2015 陶瓷马赛克
JC/T 485—2007 建筑窗用弹性密封胶
JC/T 547—2017 陶瓷砖胶粘剂
JC/T 881—2017 混凝土建筑接缝用密封胶
JC/T 907—2018 混凝土界面处理剂
JC/T 1004—2017 陶瓷砖填缝剂
JC/T 1023—2007 石膏基自流平砂浆
JC/T 2090—2011 聚合物水泥防水浆料
JC/T 2326—2015 建筑用找平砂浆
JC/T 2329—2015 水泥基自流平砂浆用界面剂
JC/T 2381—2016 修补砂浆
JC/T 2457—2018 建筑用干混地面砂浆
JG/T 311—2011 柔性饰面砖
JG/T 340—2011 混凝土结构工程用锚固胶
JGJ/T 70—2009 建筑砂浆基本性能试验方法标准
SB/T 10647—2011 干混砂浆质量管理规程
DB11/T 696—2016 预拌砂浆应用技术规程

贴砖工程（室内贴砖、外墙贴砖、外保温贴砖）的施工标准

GB 50327—2001 住宅装饰装修工程施工规范
JG/T 158—2013 胶粉聚苯颗粒外墙外保温系统材料
JGJ 63—2006 混凝土用水标准
JGJ 126—2015 外墙饰面砖工程施工及验收规程
JGJ 144—2019 外墙外保温工程技术标准
JGJ/T 253—2019 无机轻集料砂浆保温系统技术标准

JGJ 298—2013 住宅室内防水工程技术规范

JGJ/T 110—2017 建筑工程饰面砖粘结强度检验标准

JGJ/T 172—2012 建筑陶瓷薄板应用技术规程

JGJ/T 175—2018 自流平地面工程技术标准

JGJ/T 235—2011 建筑外墙防水工程技术规程

JGJ/T 299—2013 建筑防水工程现场检测技术规范

SB/T 10647—2011 干混砂浆质量管理规程

T/CECS 504—2018 陶瓷饰面砖粘贴应用技术规程

T/CECS 548—2018 美缝剂应用技术规程

DB11/T 584—2013 保温板薄抹灰外墙外保温施工技术规程

DB11/T 696—2016 预拌砂浆应用技术规程

10J 121 外墙外保温建筑构造

贴砖工程（室内贴砖、外墙贴砖、外保温贴砖）的验收标准

GB 50209—2010 建筑地面工程施工质量验收规范

GB 50210—2018 建筑装饰装修工程质量验收标准

GB 50300—2013 建筑工程施工质量验收统一标准

GB 50411—2019 建筑节能工程施工质量验收标准

JGJ/T 220—2010 抹灰砂浆技术规程

JGJ/T 253—2019 无机轻集料砂浆保温系统技术标准

QB/T 6016—1997 家庭装饰工程质量规范

SB/T 10647—2011 干混砂浆质量管理规程

DB11/T 584—2013 保温板薄抹灰外墙外保温施工技术规程

关于协会

中国陶瓷工业协会瓷砖粘贴技术专业委员会隶属于中国陶瓷工业协会，英文简称 TCT（Technical Committee for Tiling）。它是由瓷砖生产商、瓷砖胶生产商、建筑装饰企业及相关科研院所等单位和个人自愿发起的，在瓷砖粘贴材料及应用技术方面开展研究、推广的全国性行业组织。作为瓷砖粘贴行业应用领域的行业技术推动组织，TCT 致力于推广成熟的瓷砖安全粘贴技术在公共及私人领域内的合理应用，以确保瓷砖在内外墙及地面应用方面带给人们愉悦的高品质生活享受和可靠的质量安全保证，进而推动整个行业的健康、可持续发展。

现阶段，中国陶瓷工业协会瓷砖粘贴技术专业委员会作为国内专业的行业组织，正持之以恒、不遗余力地组织新材料和新工艺普及培训：

• 在全国范围内持续开展装饰镶贴工职业技能培训工作；

• 支持政府相关部门建立、完善瓷砖安全粘贴应用的相关行业技术标准；

• 持续开展以“让公众了解瓷砖应用的优点”以及“普及安全粘贴瓷砖技术”为目标的技术推广活动；开通免费技术服务电话，解答瓷砖安全粘贴有关的技术问题；

• 开展、协调相关环保节能技术及可持续性研究，以促进瓷砖安全粘贴的广泛应用；

• 协同有关单位及会员单位、行业企业开展技术评比、质量监督活动，增强行业的企业社会责任制度建设。

欢迎更多的瓷砖粘贴应用领域的行业领先的优秀专业厂商、科研院所、质量检验单位及关心瓷砖安全应用的广大同行和社会各界，加入 TCT，和衷共济，共同推动瓷砖及其粘贴行业的健康、可持续发展。